全国技工院校计算机类专业（中／高级技能层级）

PowerPoint 2021 基础与应用实训题集

主编　王　鑫

简介

本书为全国技工院校计算机类专业教材（中 / 高级技能层级）《PowerPoint 2021 基础与应用》的配套用书。本书以企业具体的工作项目为实训载体，根据教材所学内容设置实训项目，实训项目具有可操作性和拓展性，既锻炼了学生的操作技能，又节省了教材中操作内容的篇幅。本书强化对学生专业能力的训练和培养，通过分析和完成实训项目，巩固所学知识，提高相应技能。

本书主要内容包括初识 PowerPoint 2021、制作与花相约演示文稿、制作咏月诗歌分享演示文稿、制作家庭旅行计划演示文稿、制作职业生涯规划演示文稿、修饰年终总结演示文稿、制作校园歌唱比赛评分表和分析表、制作读书交流活动演示文稿、制作校园简介演示文稿、放映校园简介演示文稿、发布和打印校园简介演示文稿等。

为了方便教师教学，相关数字资源可在技工教育网（http://jg.class.com.cn）下载并使用。

本书由王鑫任主编，倪玲、翟玲玲参与编写。

图书在版编目（CIP）数据

PowerPoint 2021 基础与应用实训题集 / 王鑫主编. -- 北京：中国劳动社会保障出版社，2023

全国技工院校计算机类专业. 中 / 高级技能层级

ISBN 978-7-5167-5999-8

Ⅰ. ①P… Ⅱ. ①王… Ⅲ. ①图形软件－技工学校－教材 Ⅳ. ①TP391.412

中国国家版本馆 CIP 数据核字（2023）第 127766 号

中国劳动社会保障出版社出版发行

（北京市惠新东街 1 号 邮政编码：100029）

*

北京宏伟双华印刷有限公司印刷装订 新华书店经销

787 毫米 ×1092 毫米 16 开本 5.25 印张 100 千字

2023 年 8 月第 1 版 2025 年11月第 2 次印刷

定价：14.00 元

营销中心电话：400-606-6496

出版社网址：http://www.class.com.cn

http://jg.class.com.cn

目 录

CONTENTS

实训项目一
初识 PowerPoint 2021

一、实训项目介绍

某学校拟录制一个初识 PowerPoint 2021 的微视频，打算请小李担任该微视频的讲解员，讲解 PowerPoint 2021 的工作界面相关知识。

具体操作要求如下：

1. 打开素材“地震安全知识科普 .pptx”演示文稿，以其为例介绍 PowerPoint 2021 的作用、特点，之后关闭 PowerPoint 2021。

2. 通过新建一个演示文稿来讲解并演示启动 PowerPoint 2021 的方法，介绍 PowerPoint 2021 工作界面的组成，之后将该新建的演示文稿保存在计算机桌面上，并命名为“初识 PowerPoint 2021.pptx”。

3. 介绍 PowerPoint 2021 中快速访问工具栏的作用，以在快速访问工具栏中添加、删除“新建”命令图标为例，演示如何添加、删除快速访问工具栏中的按钮。

4. 以使用 PowerPoint 2021 帮助系统查找幻灯片母版相关知识为例，介绍 PowerPoint 2021 帮助系统的作用并演示如何使用 PowerPoint 2021 帮助系统。

二、实训项目分析

要完成本实训项目，应按照图 1–1 所示思维导图复习教材中学到的知识点和技能点。

为完成本实训项目，需要打开素材“地震安全知识科普 .pptx”演示文稿，以其为例介绍演示文稿的作用和特点以及 PowerPoint 2021 的工作界面；讲解并演示如何设置快速访问工具栏；通过 PowerPoint 2021 的帮助系统查找幻灯片母版相关知识，最后保存演示文稿。

在完成本实训项目的过程中，注意文件的保存操作有“保存”和“另存为”两种方式，要了解这两项操作的区别；了解在 PowerPoint 2021 中“帮助”不仅能供用户查询相关的“静态”信息，还能为用户提供最快捷的“现场指导”，直接引导用户操作。

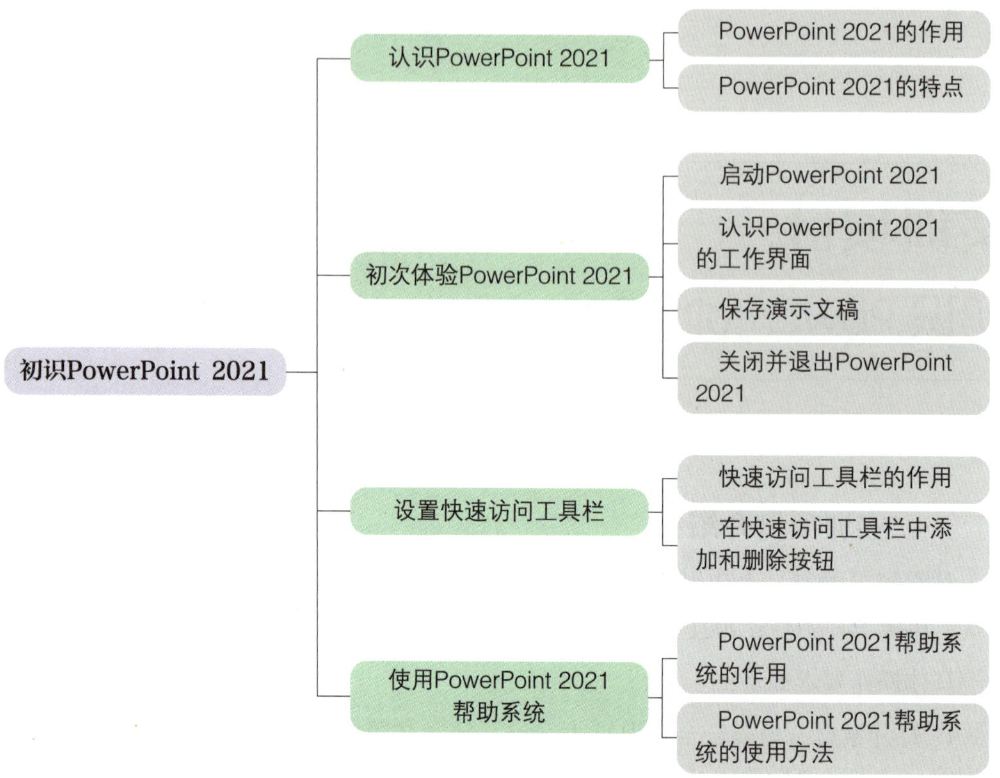

图 1-1 项目思维导图

三、实训计划制订

根据实训项目分析，学生自己制订完成本实训项目的实训计划，并填写在表 1-1 中。

表 1-1 实训计划

序号	工作内容	所需时间

四、操作步骤提示

本实训项目的操作步骤提示见表 1-2。

表 1-2　操作步骤提示

序号	操作步骤	内容
1	打开演示文稿	双击打开素材“地震安全知识科普 .pptx”演示文稿，以其为例介绍演示文稿的作用和特点
2	关闭 PowerPoint 2021	方法一：单击 PowerPoint 2021 工作界面右上角的“关闭”按钮关闭演示文稿 方法二：通过“文件 | 关闭”命令关闭演示文稿
3	启动 PowerPoint 2021	方法一：通过“开始”菜单找到 PowerPoint 并启动 PowerPoint，在启动界面中单击“空白演示文稿” 方法二：双击桌面上的“PowerPoint”快捷方式图标启动 PowerPoint，在启动界面单击“空白演示文稿”
4	介绍 PowerPoint 2021 的工作界面	介绍 PowerPoint 2021 工作界面的各组成部分，如快速访问工具栏、标题栏、菜单栏等
5	保存演示文稿	方法一：通过“文件 | 保存”命令保存演示文稿 方法二：通过“文件 | 另存为”命令保存演示文稿到另一个位置或保存为另一个文件名
6	将“新建”命令图标添加到快速访问工具栏	方法一：单击快速访问工具栏右侧的下三角按钮，在弹出的下拉列表中单击要添加的命令 方法二：通过“文件 | 选项”命令打开“PowerPoint 选项”对话框，在对话框中通过“自定义功能区”添加“新建”命令图标
7	删除快速访问工具栏中的“新建”命令图标	方法一：用鼠标右键单击快速访问工具栏中需要删除的“新建”命令图标，在弹出的菜单中选择“从快速访问工具栏删除” 方法二：通过“文件 | 选项”命令打开“PowerPoint 选项”对话框，通过“自定义功能区”删除“新建”命令图标
8	使用 PowerPoint 2021 帮助系统	单击“帮助”选项卡下“帮助”组中的“帮助”按钮或按 F1 键打开“帮助”窗口，在“搜索”框中输入要搜索的内容以获得帮助信息

五、操作要点记录

在表 1-3 中记录本实训项目的操作要点。

表 1-3　操作要点记录

序号	操作要点	备注

六、运行与修改记录

回顾之前操作中易出现的错误，在表 1-4 中做好记录。

表 1-4　运行与修改记录

序号	出现错误	错误原因	处理方法

七、实训评价

本实训项目完成后，学生展示项目成果，解说在完成项目过程中的心得体会。展示结束后，从职业素养、专业能力、工作成果等方面对该实训项目进行评价，采用自我评价、小组评价、教师评价相结合的多元评价方式，见表 1-5。

表 1-5 实训评价

序号	评价内容	配分/分	评价分数		
			自我评价（占比30%）	小组评价（占比30%）	教师评价（占比40%）
1	对实训项目的分析准确到位	10			
2	能熟练打开演示文稿，介绍演示文稿的作用和特点	10			
3	能正确启动、保存和关闭演示文稿	20			
4	能正确介绍演示文稿的工作界面	20			
5	能正确设置快速访问工具栏	20			
6	能正确使用 PowerPoint 2021 的帮助系统	10			
7	能正确展示及解说项目成果	10			
综合得分		日期			

八、巩固与练习

1. 选择题

（1）在 PowerPoint 2021 中创建的演示文稿的系统默认扩展名是（　　）。

A. pot　　B. pptx　　C. doc　　D. dot

（2）在 PowerPoint 2021 中保存演示文稿的方法有（　　）。

A. 在“文件”菜单中选择“保存”命令

B. 单击快速访问工具栏中的“保存”按钮

C. 在“文件”菜单中选择“另存为”命令

D. 以上都对

（3）在 PowerPoint 2021 中，“保存”按钮位于 PowerPoint 2021 工作界面的（　　）。

A. 左上角　　B. 右上角

C.“开始”选项卡下　　D. 右下角

（4）下列选项中（　　）不属于 PowerPoint 2021 工作界面的窗口控制按钮。

A.“最小化”按钮　　B.“最大化 / 向下还原”按钮

C.“关闭”按钮　　D.“新建”按钮

（5）在 PowerPoint 2021 中制作的演示文稿（　　）。

A. 只能包含文字信息

B. 只能包含文字信息和图片对象

C. 可以包含文字信息、图片、视频等对象，但不能包含表格

D. 可以包含文字、图片、视频、表格等对象

（6）下列选项中（　　）不是设置快速访问工具栏的方法。

A. 从自定义快速访问工具栏中添加

B. 从功能区中添加

C. 从“PowerPoint 选项”对话框中添加

D. 从状态栏添加

（7）单击“帮助”选项卡下“帮助”组中的“帮助”按钮或按（　　）键，均可打开 PowerPoint 2021 的帮助系统。

A. F1　　B. F2　　C. F3　　D. F4

2. 操作题

（1）启动 PowerPoint 2021 并新建空白演示文稿，将该演示文稿保存在计算机桌面上，并命名为“节日快乐 .pptx”。

（2）将 PowerPoint 2021“开始”选项卡下“剪贴板”组中的“剪切”按钮添加到快速访问工具栏中。

（3）使用 PowerPoint 2021 的帮助系统搜索演示文稿中与动画效果相关的知识（提示：设置搜索关键词为“动画效果”）。

实训项目二
制作与花相约演示文稿

一、实训项目介绍

新学期伊始，某学校的花卉种植社团拟招募新人，社团成员小王接到了向新生介绍花卉的任务。请根据素材“花卉纪念相册 .pptx”演示文稿（或在 PowerPoint 2021 中搜索并找到“花卉纪念相册”）和相关图片素材，制作图 2-1 所示的演示文稿。

具体操作要求如下：

1. 打开“花卉纪念相册 .pptx”演示文稿，选中第二张幻灯片，单击“开始”选项卡下“幻灯片”组中的“新建幻灯片”按钮，在“Office”布局下选择“1_3 张照片”新建一张幻灯片，并删除演示文稿中的第四张和第八张幻灯片。

2. 先选中模板上默认的图片，按 Delete 键删除，然后在第一张幻灯片中插入“封面 .jpg”，在第三张、第四张、第五张、第六张幻灯片中分别插入素材中的郁金香、大丽花、向日葵、缅栀子图片。

3. 根据插入的图片名称，修改各张幻灯片中的文字。

4. 切换不同的视图方式，查看并调整幻灯片。

5. 制作完毕，通过“文件 | 另存为”命令将演示文稿保存至计算机桌面，并将该演示文稿重命名为“与花相约 .pptx”。

图 2-1　与花相约演示文稿最终效果

二、实训项目分析

要完成本实训项目，应按照图 2-2 所示思维导图复习教材中学到的知识点和技能点。

为完成本实训项目，需双击打开素材“花卉纪念相册 .pptx”演示文稿（或在 PowerPoint 2021 中搜索并找到“花卉纪念相册”），新建和删除幻灯片、修改幻灯片中的文字和图片、切换视图方式、用键盘对菜单进行操作、保存演示文稿并重命名。

在完成本实训项目的过程中，注意在新建幻灯片时，先选中某张幻灯片的缩略图，再新建幻灯片，那么新建的幻灯片就会出现在刚选中的幻灯片下方；在新建幻灯片时，可以根据具体情况选择不同的幻灯片布局，也可以新建空白幻灯片，自行设计幻灯片的布局。

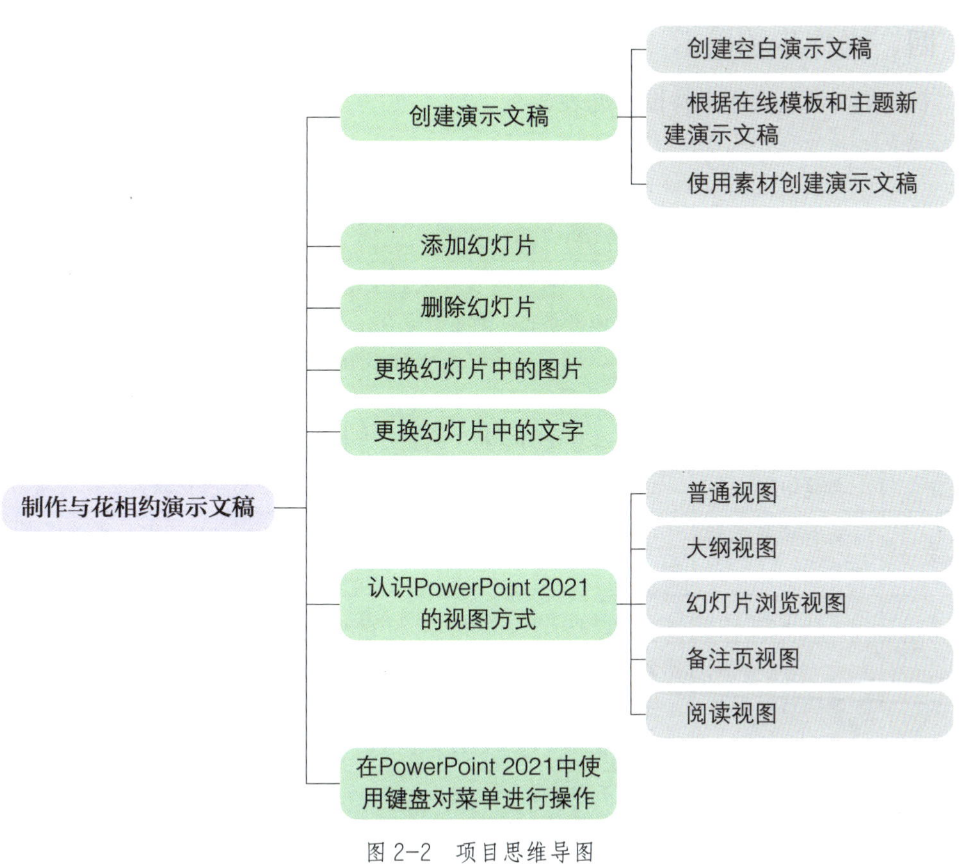

图 2-2　项目思维导图

三、实训计划制订

根据实训项目分析，学生自己制订完成本实训项目的实训计划，并填写在表 2-1 中。

表 2-1　实训计划

序号	工作内容	所需时间

四、操作步骤提示

本实训项目的操作步骤提示见表 2–2。

表 2–2　操作步骤提示

序号	操作步骤	内容
1	创建演示文稿	方法一：根据在线模板和主题新建演示文稿。在 PowerPoint 2021 启动界面中单击“新建”命令，在搜索框中输入“花卉纪念相册”后搜索并找到“花卉纪念相册 .pptx”模板，在弹出的窗口中单击“创建”按钮 方法二：使用素材“花卉纪念相册 .pptx”创建演示文稿
2	新建幻灯片	通过“开始 | 新建幻灯片”命令新建幻灯片，选择适当的布局
3	更换模板上的图片	选中模板上默认的图片，按 Delete 键删除，然后在相应的位置添加图片
4	更改文字	在占位符中按 Delete 键删去默认的文字，输入所需文字
5	删除幻灯片	方法一：选中需要删除的幻灯片缩略图，按 Delete 键删除 方法二：用鼠标右键单击需要删除的幻灯片缩略图，在弹出的快捷菜单中选择“删除幻灯片”命令
6	切换视图方式	通过切换不同的视图方式查看演示文稿
7	保存演示文稿	通过“文件 | 另存为”命令，在弹出的“另存为”对话框中选择将演示文稿保存在计算机桌面上，并将该演示文稿重命名为“与花相约 .pptx”

五、操作要点记录

在表 2–3 中记录本实训项目的操作要点。

表 2–3　操作要点记录

序号	操作要点	备注

六、运行与修改记录

参照图 2-1 所示的与花相约演示文稿最终效果，排除出现的错误，并在表 2-4 中做好记录。

表 2-4　运行与修改记录

序号	出现错误	错误原因	处理方法

七、实训评价

本实训项目完成后，学生展示项目成果，解说在完成项目过程中的心得体会。展示结束后，从职业素养、专业能力、工作成果等方面对该实训项目进行评价，采用自我评价、小组评价、教师评价相结合的多元评价方式，见表 2-5。

表 2-5　实训评价

序号	评价内容	配分/分	评价分数		
			自我评价（占比 30%）	小组评价（占比 30%）	教师评价（占比 40%）
1	对实训项目的分析准确到位	10			
2	能正确根据素材创建演示文稿	10			
3	能正确新建幻灯片，选择合适的布局，并删除无用的幻灯片	20			
4	能正确更改图片和文字	20			
5	能正确切换不同的视图方式	20			
6	能正确使用键盘对菜单进行操作	10			
7	能正确展示及解说项目成果	10			
综合得分		日期			

八、巩固与练习

1. 选择题

（1）在 PowerPoint 2021 中编辑好当前幻灯片后，如果打算往下做一张新幻灯片，应（　　）。

A. 单击“文件”菜单中的“新建”命令

B. 单击“开始”选项卡下“幻灯片”组中的“新建幻灯片”命令

C. 单击“视图”选项卡下“窗口”组中的“新建窗口”命令

D. 按键盘上的 Ctrl+N 快捷键

（2）在 PowerPoint 2021 中，下列选项中不能删除多余幻灯片的是（　　）。

A. 选中要删除的幻灯片，并按 Delete 键

B. 选中要删除的幻灯片，单击鼠标右键，在弹出的快捷菜单中选择“删除幻灯片”命令

C. 选中要删除的幻灯片，并按 Backspace 键

D. 选中要删除的幻灯片，并按 Enter 键

（3）PowerPoint 2021 默认的视图方式是（　　）。

A. 普通视图　　B. 大纲视图

C. 幻灯片浏览视图　　D. 阅读视图

（4）在 PowerPoint 2021 的幻灯片浏览视图中不能完成的操作是（　　）。

A. 调整个别幻灯片的位置　　B. 删除个别幻灯片

C. 编辑个别幻灯片的内容　　D. 复制个别幻灯片

（5）在 PowerPoint 2021 的（　　）下可以进行文本的输入。

A. 普通视图、幻灯片浏览视图、大纲视图

B. 大纲视图、备注页视图、阅读视图

C. 普通视图、大纲视图、阅读视图

D. 普通视图、大纲视图、备注页视图

（6）在 PowerPoint 2021 中要全屏显示演示文稿，可将视图方式切换到（　　）。

A. 备注页视图　　B. 大纲视图

C. 幻灯片浏览视图　　D. 阅读视图

（7）在 PowerPoint 2021 的（　　）中，可以在屏幕上同时看到演示文稿中的所有幻灯片，因为这些幻灯片是以缩略图显示的。

A. 大纲视图　　B. 普通视图

C. 幻灯片浏览视图　　D. 阅读视图

（8）启动 PowerPoint 2021 后，按（　　）键，在 Powerpoint 2021 每个可用的功能上方都将显示相应的按键名称。

A. Alt　　B. Ctrl

C. Shift　　D. Esc

2. 操作题

根据素材“新式亚洲城市演示文稿 .pptx”（或在 PowerPoint 2021 中搜索并找到“新式亚洲城市演示文稿 .pptx”）和图片素材制作图 2-3 所示演示文稿，制作完成后将该演示文稿另存到计算机桌面上，并重命名为“上海印象 .pptx”。

具体操作要求如下：

（1）打开演示文稿，选中第二张幻灯片，单击“开始”选项卡下“幻灯片”组中的“新建幻灯片”按钮，在“Office 布局”下选择“图片和字幕”新建一张幻灯片，并删除演示文稿中的第二张、第六张、第七张幻灯片。

（2）将第一张幻灯片中的原文字删去，将“标题”改成“上海”；选中第一张幻灯片上默认的图片，按 Delete 键删除，然后在相应的位置添加图片“封面页 .jpeg”。

（3）将第二张、第三张、第四张幻灯片中的原图片分别替换成“东方明珠 .png”“南京路步行街 .png”“迪士尼乐园 .png”。

（4）在第二张、第三张、第四张幻灯片的“标题”文本框中分别输入标题“东方明珠广播电视塔”“南京路步行街”“上海迪士尼乐园”；在第二张、第三张、第四张幻灯片的正文部分输入素材“上海印象 .docx”中关于东方明珠广播电视塔、南京路步行街、上海迪士尼乐园的介绍文字。

（5）在不同的视图方式下浏览并调整该演示文稿。

（6）将该演示文稿另存到计算机桌面上，重命名为“上海印象 .pptx”。

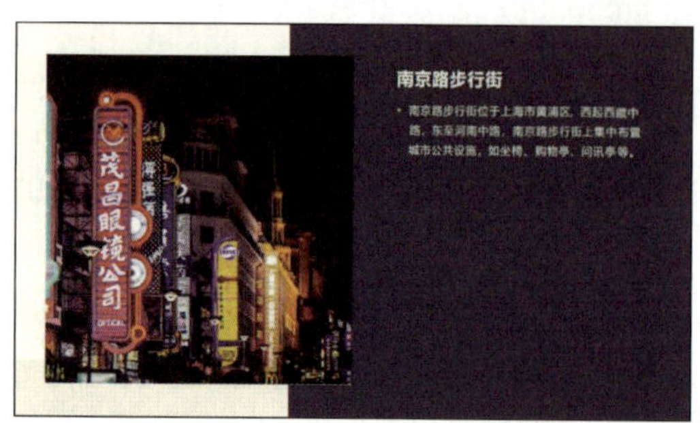

图 2-3　上海印象演示文稿最终效果

实训项目三
制作咏月诗歌分享演示文稿

一、实训项目介绍

某学校拟举办以月亮为主题的咏月诗歌分享会，小李想用三首不同时代的诗歌来表达人们由月亮而引发的思念之情。请根据文字素材“咏月诗歌分享 .docx”，经过编辑和排版，制作图 3–1 所示的咏月诗歌分享演示文稿。

具体操作要求如下：

1. 新建演示文稿，在“设计”选项卡下“主题”组中选择“徽章”主题，并新建三张空白幻灯片。

2. 在第一张幻灯片中的第一个占位符中输入大标题“咏月诗歌”，换行输入小标题“分享”，将大标题“咏月诗歌”的字体设置为楷体，字号设置为 88；将小标题“分享”的字体设置为楷体，字号设置为 44。

3. 将文字素材“咏月诗歌分享 .docx”中的三首诗歌的内容输入或复制、粘贴到第二张幻灯片中，再将《水调歌头》和《我的思念是圆的》两首诗歌分别剪切、粘贴到第三张、第四张幻灯片中。

4. 将第二张、第三张、第四张幻灯片的标题“望月怀远”“水调歌头”“我的思念是圆的”字体设置为楷体，字号设置为 36；将作者“张九龄”“苏轼”“艾青”以及三首诗歌的内容字体设置为楷体，字号设置为 28；将第三张幻灯片中的诗歌《水调歌头》中的序“丙辰中秋，欢饮达旦……兼怀子由。”字体设置为宋体，字号设置为 20。

5. 查找演示文稿中的“想念”一词，并通过文本的替换功能将演示文稿中所有的“想念”替换为“思念”。

6. 将第三张幻灯片中《水调歌头》中的文字“转朱阁，低绮户……千里共婵娟。”移动到文末。

7. 制作完成后，通过“文件 | 另存为”命令将该演示文稿保存至计算机桌面上，

并重命名为“咏月诗歌分享 .pptx”。

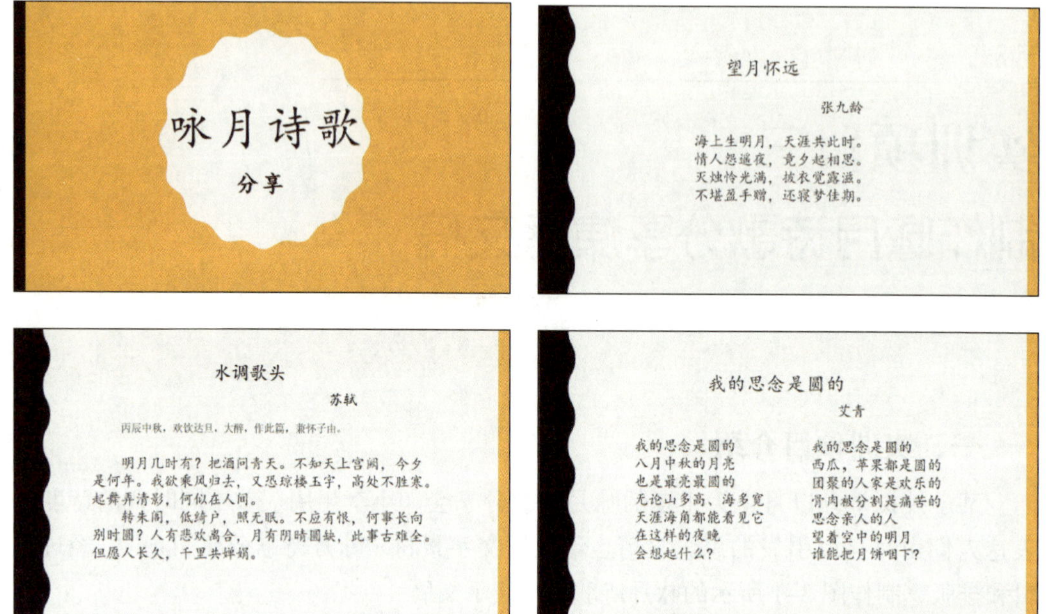

图 3-1　咏月诗歌分享演示文稿最终效果

二、实训项目分析

要完成本实训项目，应按照图 3-2 所示思维导图复习教材中学到的知识点和技能点。

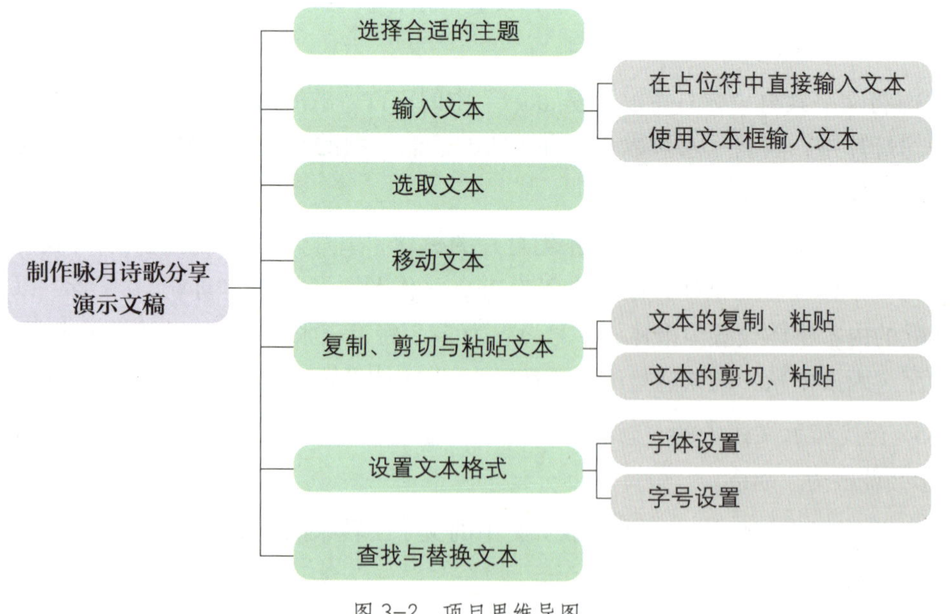

图 3-2　项目思维导图

为完成本实训项目，需打开 PowerPoint 2021 新建演示文稿，选择合适的主题，将所提供的文字素材输入或复制、粘贴到演示文稿的相应位置；通过选取、移动文本改变文本的位置；对文本格式进行简单的设置。此外，还应掌握文本的查找与替换的使用方法。

在完成本实训项目的过程中，应注意文本框的插入位置以及复制、粘贴文本与剪切、粘贴文本的区别。此外，在“替换”对话框中已经输入查找内容和替换内容时，如果单击“查找下一个”按钮后再单击“替换”按钮，可以替换当前选中的文本；如果在单击“查找下一个”按钮后单击“全部替换”按钮，则可以替换掉查找到的所有内容。

三、实训计划制订

根据实训项目分析，学生自己制订完成本实训项目的实训计划，并填写在表 3–1 中。

表 3–1　实训计划

序号	工作内容	所需时间

四、操作步骤提示

本实训项目的操作步骤提示见表 3–2。

表 3–2　操作步骤提示

序号	操作步骤	内容
1	新建演示文稿	启动 PowerPoint 2021，通过“文件 | 新建”命令或 Ctrl+N 快捷键新建演示文稿
2	选择主题	在“设计”选项卡下“主题”组中选择“徽章”主题
3	新建幻灯片	通过“开始 | 新建幻灯片”命令新建 3 张空白幻灯片

续表

序号	操作步骤	内容
4	制作封面	在第一张幻灯片的占位符中输入标题
5	插入文本框并输入文字	通过“插入|文本框|绘制横排文本框”命令，在第二张幻灯片的适当位置插入文本框，将文字素材“咏月诗歌分享.docx”中的三首诗歌的内容输入其中（或者将文字素材“咏月诗歌分享.docx”中的三首诗歌复制、粘贴到第二张幻灯片中）
6	复制、剪切、粘贴文本	将第二首和第三首诗歌分别剪切、粘贴到第三张、第四张幻灯片中，可尝试复制、粘贴操作，体验复制、粘贴与剪切、粘贴的区别
7	设置文本格式	对文字的字体、字号进行相应的设置
8	移动文本	将《水调歌头》中的文字“转朱阁，低绮户……千里共婵娟。”移动到文末
9	查找和替换文本	若要修改演示文稿中多次重复出现的字或词，可使用 PowerPoint 2021 中提供的替换功能，将演示文稿中所有的“想念”替换成“思念”
10	保存演示文稿	通过“文件|另存为”命令，在弹出的“另存为”对话框中选择将演示文稿保存至计算机桌面上，并将该演示文稿重命名为“咏月诗歌分享.pptx”

五、操作要点记录

在表 3-3 中记录本实训项目的操作要点。

表 3-3 操作要点记录

序号	操作要点	备注

六、运行与修改记录

参照图 3-1 所示演示文稿最终效果，排除出现的错误，并在表 3-4 中做好记录。

表 3-4　运行与修改记录

序号	出现错误	错误原因	处理方法

七、实训评价

本实训项目完成后，学生展示项目成果，解说在完成项目过程中的心得体会。展示结束后，从职业素养、专业能力、工作成果等方面对该实训项目进行评价，采用自我评价、小组评价、教师评价相结合的多元评价方式，见表 3-5。

表 3-5　实训评价

序号	评价内容	配分/分	评价分数		
			自我评价（占比 30%）	小组评价（占比 30%）	教师评价（占比 40%）
1	对实训项目的分析准确到位	10			
2	能正确插入和拖动文本框，调整文本框的大小，并对其中的文字进行编辑	20			
3	能正确选择合适的主题	10			
4	能正确使用 PowerPoint 2021 的查找与替换功能	10			
5	能正确选择、移动文本	10			
6	能正确剪切、复制、粘贴文本	10			
7	能正确设置简单的文本格式	20			
8	能正确展示及解说项目成果	10			
综合得分		日期			

八、巩固与练习

1. 选择题

（1）Ctrl+C 快捷键用于（　　）。

A. 剪切　　B. 粘贴　　C. 全选　　D. 复制

（2）在 PowerPoint 2021 编辑状态下，当“开始”选项卡下“剪贴板”组中的“剪切”和“复制”按钮呈浅灰色而不能使用时，说明（　　）。

A. 剪贴板上已经有信息存放了　　B. 在文档中没有选中任何内容

C. 选定的内容是图片　　D. 选定的文档太长，剪贴板放不下

（3）在 PowerPoint 2021 中，查找的快捷键是（　　）。

A. Alt+F　　B. Ctrl+F　　C. Ctrl+H　　D. Alt+H

（4）在 PowerPoint 2021 中，当前文档的文件名会在（　　）显示。

A. 状态栏　　B. 标题栏

C. 菜单栏　　D. 快速访问工具栏

（5）在 PowerPoint 2021 中，要为演示文稿选择主题，应先切换到（　　）选项卡。

A.“插入”　　B.“视图”　　C.“开始”　　D.“设计”

（6）在 PowerPoint 2021 中，若想移动文本，应先进行（　　）操作。

A. 选取　　B. 单击　　C. 右键单击　　D. 双击

（7）如果当前幻灯片中还没有录入文字，可以（　　）。

A. 直接录入文字

B. 插入一个新的文本框来录入文字

C. 更改该幻灯片的版式，使其能含有文字

D. 切换到大纲视图中录入文字

2. 操作题

对素材“大熊猫的旅外故事 .pptx”演示文稿进行编辑和排版，使该演示文稿最终效果如图 3-3 所示。

具体操作要求如下：

（1）在第一张幻灯片的两个占位符中分别输入标题“大熊猫的旅外故事”和“PANDA”，其中，“大熊猫的旅外故事”为标题，“PANDA”为副标题；将标题“大熊猫的旅外故事”的字体设置为微软雅黑，字号设置为 72；将副标题“PANDA”的字体设置为 Arial，字号设置为 24。

（2）在第二张幻灯片后通过“开始 | 新建幻灯片”命令新建幻灯片，选择该新建幻灯片布局为“四张图片版式”布局，从第二张幻灯片中剪切与“福宝”相关的一段文字，粘贴到第三张幻灯片中，并在第三张幻灯片中添加“福宝”的四张素材图片。

（3）将第二张幻灯片中与“京京”“四海”有关的两段文字剪切、粘贴到第四张幻灯片中。

（4）将第二张、第三张、第四张幻灯片的字体设置为微软雅黑，字号设置为20；在这三张幻灯片的每一段文字前输入两个空格。

（5）将该演示文稿中的所有“猫熊”通过“开始”选项卡下“编辑”组中的“替换”按钮全部替换成“熊猫”。

图 3-3　大熊猫的旅外故事演示文稿最终效果

实训项目四
制作家庭旅行计划演示文稿

一、实训项目介绍

某校学生小李接到一个任务，为旅行社制作家庭旅行计划演示文稿。请根据文字素材“家庭旅行计划 .docx”进行编辑与排版，制作图 4-1 所示的家庭旅行计划演示文稿。

具体操作要求如下：

1. 新建演示文稿，在“设计”选项卡下“主题”组中选择“肥皂”主题，新建六张空白幻灯片，将第三张、第四张、第五张幻灯片的版式修改为“仅标题”（操作方法是：选中幻灯片，然后单击“开始”选项卡下“幻灯片”组中的“版式”按钮，在弹出的下拉列表中选择“仅标题”版式）。

2. 按照文字素材“家庭旅行计划 .docx”中的提示将文字输入或复制、粘贴到相应幻灯片中。

3. 将第一张幻灯片的标题“家庭旅行计划”字体设置为楷体，字号设置为 72，居中，黑色，字符间距调整为“稀疏”；将副标题“Family Travel Plan”字体设置为 Arial，字号设置为 16，颜色设置为“青绿，文字 2，深色 25%”。

4. 将第二张幻灯片的标题“出行安排和注意事项”字体设置为楷体，字号设置为 32，加粗，颜色设置为“青绿，文字 2，深色 25%”，文字方向设置为竖排；将正文字体设置为楷体，黑色，字号设置为 28，为正文设置项目编号，并提高第 4 小点“注意事项”中具体内容的级别列表。

5. 将第三张、第四张、第五张、第六张幻灯片的标题“第一天日程安排”“第二天日程安排”等字体设置为楷体，字号设置为 32，加粗，颜色设置为“青绿，文字 2，深色 25%”；将正文字体设置为楷体，字号设置为 28，颜色设置为黑色，分别为正文设置项目符号。

6. 将第六张幻灯片的标题字体设置为楷体，字号设置为 32，加粗，颜色设置为“青绿，文字 2，深色 25%”；将正文字体设置为楷体，字号设置为 28，颜色设置为黑色。

7. 将第七张幻灯片中的文本字体设置为楷体，字号设置为 28，对齐文本设置为中部对齐，段落对齐设置为两端对齐，并将文字分为两栏，两栏间距为 2 厘米。

图 4-1　家庭旅行计划演示文稿最终效果

二、实训项目分析

要完成本实训项目，应按照图 4-2 所示思维导图复习教材中学到的知识点和技能点。

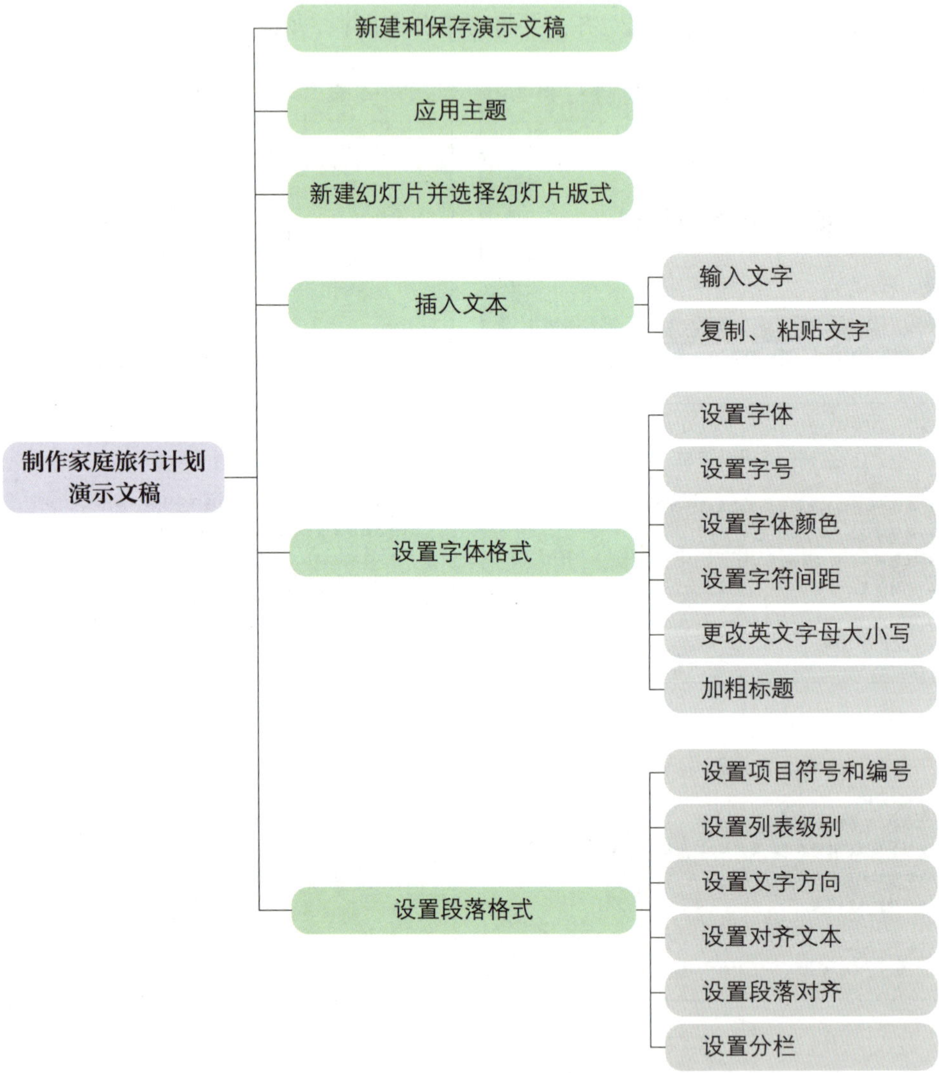

- 制作家庭旅行计划演示文稿
  - 新建和保存演示文稿
  - 应用主题
  - 新建幻灯片并选择幻灯片版式
  - 插入文本
    - 输入文字
    - 复制、粘贴文字
  - 设置字体格式
    - 设置字体
    - 设置字号
    - 设置字体颜色
    - 设置字符间距
    - 更改英文字母大小写
    - 加粗标题
  - 设置段落格式
    - 设置项目符号和编号
    - 设置列表级别
    - 设置文字方向
    - 设置对齐文本
    - 设置段落对齐
    - 设置分栏

图 4-2　项目思维导图

为完成本实训项目，需打开 PowerPoint 2021 软件新建演示文稿，选择合适的主题和幻灯片版式，设置字体格式，包括设置字体、字号、颜色、字符间距，更改英文字母大小写、加粗标题等；设置段落格式，包括设置项目符号、编号、列表级别、文字方向、对齐文本、段落对齐、分栏等。

在完成本实训项目的过程中，注意更换主题后，不仅演示文稿的风格会发生改变，有的字体颜色也会根据主题的改变而发生变化，其中某些字体颜色是某个主题所特有的。

三、实训计划制订

根据实训项目分析，学生自己制订完成本实训项目的实训计划，并填写在表 4-1 中。

表 4-1　实训计划

序号	工作内容	所需时间

四、操作步骤提示

本实训项目的操作步骤提示见表 4-2。

表 4-2　操作步骤提示

序号	操作步骤	内容
1	新建演示文稿	启动 PowerPoint 2021，通过“文件 | 新建”命令或 Ctrl+N 快捷键新建空白演示文稿
2	选择主题	通过“设计”选项卡选择相应的主题
3	新建幻灯片	通过“开始 | 新建幻灯片”命令新建幻灯片，选择相应的版式
4	插入文本框并输入文字	通过“插入 | 文本框 | 绘制横排文本框”命令在幻灯片的适当位置插入文本框并输入文字
5	设置字体格式	使用“开始”选项卡下“字体”组中的按钮或“字体”对话框对文本的字体、字号、颜色、字符间距、英文字母大小写等进行设置
6	设置段落格式	使用“开始”选项卡下“段落”组中的按钮或“段落”对话框设置段落的项目符号、编号、列表级别、文字方向、对齐方式等

五、操作要点记录

在表 4–3 中记录本实训项目的操作要点。

表 4–3　操作要点记录

序号	操作要点	备注

六、运行与修改记录

参照图 4–1 所示演示文稿最终效果，排除出现的错误，并在表 4–4 中做好记录。

表 4–4　运行与修改记录

序号	出现错误	错误原因	处理方法

七、实训评价

本实训项目完成后，学生展示项目成果，解说在完成项目过程中的心得体会。展示结束后，从职业素养、专业能力、工作成果等方面对该实训项目进行评价，采用自我评价、小组评价、教师评价相结合的多元评价方式，见表 4–5。

表 4-5　实训评价

序号	评价内容	配分/分	评价分数		
			自我评价（占比30%）	小组评价（占比30%）	教师评价（占比40%）
1	对实训项目的分析准确到位	20			
2	能正确选择并应用合适的主题	10			
3	能正确新建幻灯片并选择合适的版式	10			
4	能正确编辑文字	20			
5	能正确设置字体格式和段落格式	20			
6	能正确展示及解说项目成果	20			
综合得分			日期		

八、巩固与练习

1. 选择题

（1）PowerPoint 2021 中的每张幻灯片都是基于某种（　　）创建的，它预定义了新建幻灯片的各种占位符布局情况。

A. 模板　　B. 新幻灯片

C. 格式　　D. 版式

（2）下列选项中（　　）不是 PowerPoint 2021 的段落对齐方式。

A. 左对齐　　B. 右对齐

C. 两端对齐　　D. 顶端对齐

（3）在 PowerPoint 2021 中，“添加或删除栏”按钮位于“开始”选项卡下（　　）组中。

A. “字体”　　B. “段落”

C. “绘图”　　D. “剪贴板”

（4）若在 PowerPoint 2021 中使用了项目符号或编号，则项目符号或编号会在（　　）时自动出现。

A. 每次按空格键　　B. 按 Tab 键

C. 一行文字输入完毕并按 Enter 键　　D. 文字超过右边界

（5）在 PowerPoint 2021 中，项目符号或编号是对于（　　）来添加的。

A. 段落　　B. 行

C. 整篇文档　　D. 列

（6）在 PowerPoint 2021 中，想要改变英文字母的大小写，可以通过（　　）选项卡下“字体”组中的“更改大小写”按钮来实现。

A.“开始”　　B.“插入”

C.“审阅”　　D.“视图”

（7）在 PowerPoint 2021 中，下列选项中不在“开始”选项卡下“段落”组中的是（　　）按钮。

A.“文字方向”　　B.“字符间距”

C.“对齐文本”　　D.“项目符号”

2. 操作题

根据文字素材“消防安全知识科普 .docx”，制作图 4-3 所示消防安全知识科普演示文稿。

具体操作要求如下：

（1）新建演示文稿，在“设计”选项卡下“主题”组中选择“主要事件”主题，新建 4 张空白幻灯片，将第二张、第三张、第四张幻灯片的版式修改为“仅标题”。

（2）将第一张幻灯片的标题“消防安全知识科普”字体设置为宋体，字号设置为 80，颜色设置为红色；将副标题“Fire Safety”的字体设置为 Arial，字号设置为 28，颜色设置为黑色。

（3）按照文字素材“消防安全知识科普 .docx”中的提示将文字输入或复制、粘贴到相应幻灯片中。

（4）将第二张、第三张、第四张幻灯片中的标题“如何预防火灾”“如何正确使用干粉灭火器”“火场逃生知识指南”设置为宋体、加粗、居中，字号设置为 28，颜色设置为深红，字符间距设置为“很松”；将正文字体设置为宋体，字号设置为 24，颜色设置为黑色；为第二张、第三张幻灯片正文设置项目符号，设置提高第二张幻灯片中“注意三清三关”下具体文字“清阳台、清厨房、清走道，关火、关电、关气”的列表级别，注意：该段文字前不需要添加项目符号；为第四张幻灯片正文设置项目编号。

（5）将第五张幻灯片中的文本字体设置为宋体，字号设置为 24，段落对齐方式设置为两端对齐，对齐文本设置为中部对齐，并将段落分为三栏，三栏的间距设置为 1 厘米。

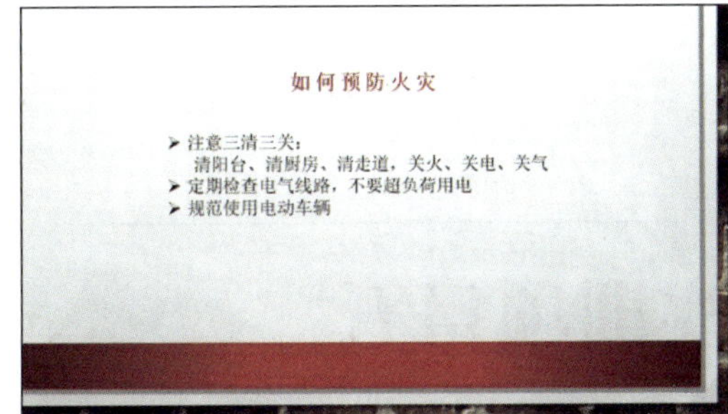

如何正确使用干粉灭火器

✓ 提起灭火器
✓ 拔掉保险销
✓ 握住喷嘴
✓ 压下压把
✓ 对准火源根部扫射

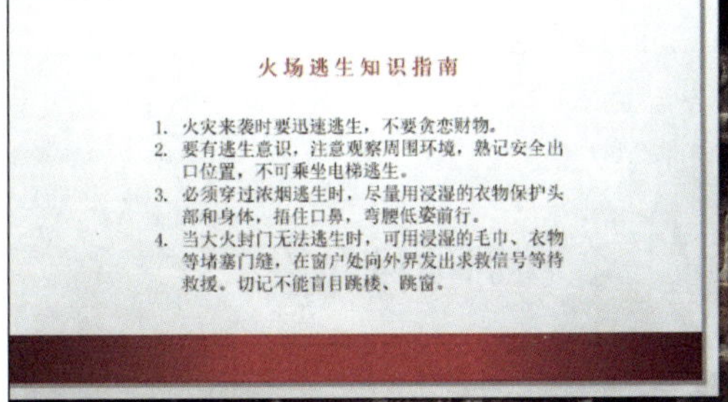

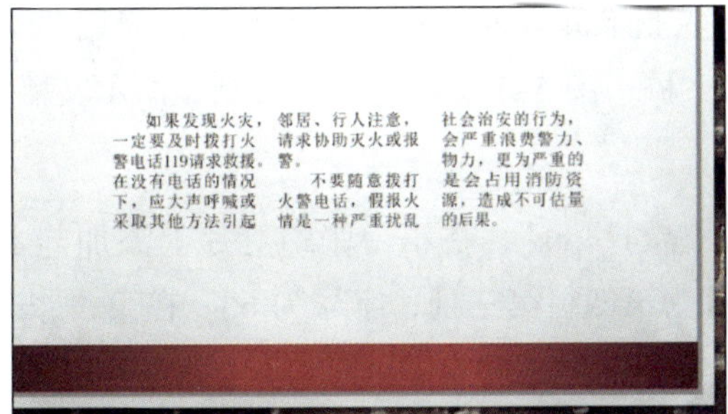

图 4-3　消防安全知识科普演示文稿最终效果

实训项目五
制作职业生涯规划演示文稿

一、实训项目介绍

某学校学生小李拟参加学校组织的职业生涯规划大赛，已制作好演示文稿中的大部分内容，还需要在一些幻灯片中插入艺术字和图片，绘制 SmartArt 图形等。请根据提供的图片以及素材“职业生涯规划 .pptx”演示文稿，应用 PowerPoint 2021 软件补充完成职业生涯规划演示文稿，图 5-1 所示为本项目制作演示文稿最终效果。

具体操作要求如下：

1. 打开“职业生涯规划 .pptx”，在第一张幻灯片上添加艺术字“我的职业生涯规划”，并设置艺术字样式为第四行第三列，字号为 66。在第一张幻灯片的适当位置插入图片“人物图片 .jpg”，设置图片高度为 10 厘米、宽度为 7 厘米，设置图片背景色为透明色。

2. 在第二张幻灯片的合适位置绘制圆形，设置形状轮廓为无轮廓，设置形状填充为蓝色，并在圆形图形上添加数字“01”“02”“03”“04”，设置数字字体为黑体、字号为 24、加粗。

3. 在“选择 SmartArt 图形”对话框的“循环”选项组中选择“射线循环”，制作第五张幻灯片中的内容“职业决策”。

4. 在第六张幻灯片中插入形状并添加文字，设置形状轮廓粗细为 4.5 磅，主题颜色为蓝色。

二、实训项目分析

要完成本实训项目，应按照图 5-2 所示思维导图复习教材中学到的知识点和技能点。

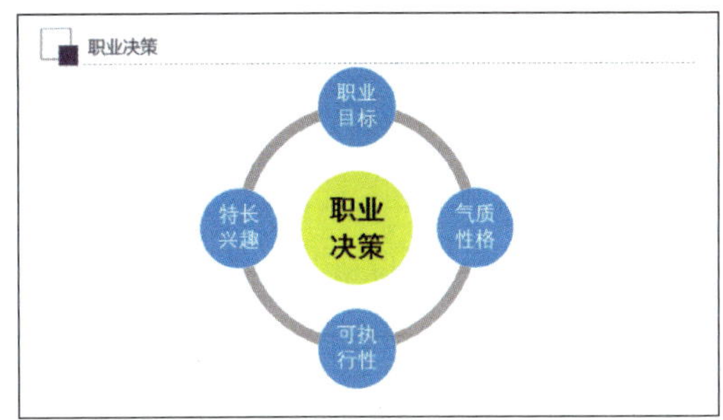

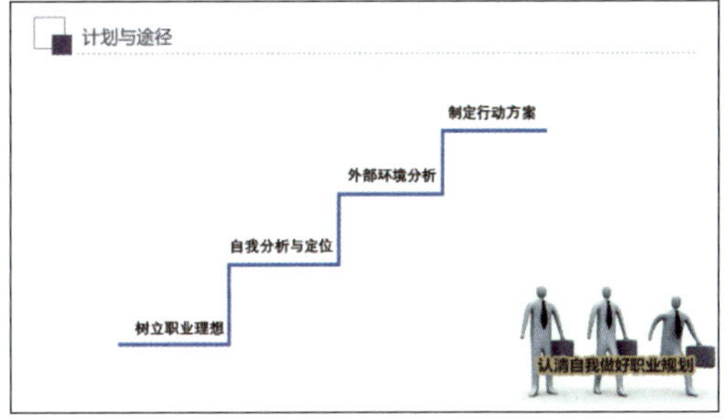

图 5-1　最终效果

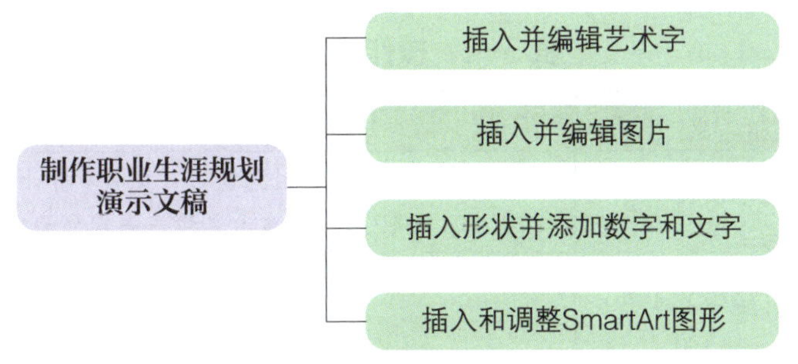

图 5-2　项目思维导图

为完成本实训项目，需打开素材“职业生涯规划 .pptx”演示文稿，插入并编辑艺术字、插入并编辑图片、插入形状并添加数字和文字以及插入 SmartArt 图形等。

在完成本实训项目的过程中，注意在制作演示文稿第一张幻灯片时，艺术字的大小应与场景相匹配。在插入图片后，为了避免图片与幻灯片背景形成强烈反差导致不美观，可以选中图片，然后单击“图片格式”选项卡下“调整”组中的“颜色”按钮，在弹出的下拉列表中选择“设置透明色”。在调整 SmartArt 图形时，可以根据实际需要增加或减少项目形状。

三、实训计划制订

根据实训项目分析，学生自己制订完成本实训项目的实训计划，并填写在表 5-1 中。

表 5-1 实训计划

序号	工作内容	所需时间

四、操作步骤提示

本实训项目的操作步骤提示见表 5-2。

表 5-2 操作步骤提示

序号	操作步骤	内容
1	打开演示文稿	启动 PowerPoint 2021，通过“文件 | 打开 | 浏览”命令找到“职业生涯规划 .pptx”演示文稿并将其打开
2	插入并编辑艺术字	在第一张幻灯片中插入艺术字，调整艺术字的大小、位置和样式
3	插入并编辑图片	在第一张幻灯片的合适位置插入图片并调整图片大小、位置，处理图片背景，使图片符合要求
4	插入形状，并添加数字	在第二张幻灯片中单击“插入 | 形状”命令，在下拉列表中选择“流程图”中的“圆形”并绘制 4 个圆形，在圆形中添加数字，设置圆形的填充色和轮廓等效果
5	插入和编辑 SmartArt 图形	在第五张幻灯片中单击“插入”选项卡下“插图”组中的“SmartArt”按钮，在弹出的“选择 SmartArt 图形”对话框中选择图形类型，并输入相关内容。选中 SmartArt 图形，在出现的“SmartArt 设计”选项卡和“格式”选项卡中可以对图形进行编辑、修改及美化
6	插入形状，并添加文字	在第六张幻灯片中单击“插入 | 形状”命令，在下拉列表中选择“线条”里的“直线”并绘制 6 条直线，在直线上方添加文字，设置直线的主题颜色和粗细以及文字的颜色和字号大小等效果

五、操作要点记录

在表 5-3 中记录本实训项目的操作要点。

表 5-3　操作要点记录

序号	操作要点	备注

六、运行与修改记录

参照图 5-1 所示演示文稿最终效果，排除出现的错误，并在表 5-4 中做好记录。

表 5-4　运行与修改记录

序号	出现错误	错误原因	处理方法

七、实训评价

本实训项目完成后，学生展示项目成果，解说在完成项目过程中的心得体会。展示结束后，从职业素养、专业能力、工作成果等方面对该实训项目进行评价，采用自我评价、小组评价、教师评价相结合的多元评价方式，见表 5-5。

表 5-5　实训评价

序号	评价内容	配分/分	评价分数		
			自我评价（占比30%）	小组评价（占比30%）	教师评价（占比40%）
1	对实训项目的分析准确到位	20			
2	能正确插入图片、艺术字并按要求进行编辑	20			
3	能正确绘制形状并添加数字和文字	20			
4	能按要求插入并编辑 SmartArt 图形	20			
5	能正确展示及解说项目成果	20			
学生姓名		日期			

八、巩固与练习

1. 选择题

（1）在 PowerPoint 2021 编辑状态下，若要在当前窗口中绘制自选图形，应执行（　　）命令。

A. “文件 | 新建”　　B. “开始 | 粘贴”

C. “审阅 | 新建批注”　　D. “插入 | 插图 | 形状”

（2）下列有关演示文稿中的图片、图形等对象的说法中正确的是（　　）。

A. 这些对象放置的位置不能重叠

B. 这些对象放置的位置可以重叠，叠放的次序可以改变

C. 这些对象无法一起被复制或移动

D. 这些对象各自独立，不能组合为一个对象

（3）在 PowerPoint 2021 中对插入的图形进行编辑的方法是（　　），此时出现“形状格式”选项卡。

A. 按 F2 键　　B. 按 Ctrl 键　　C. 单击图形　　D. 按 Shift 键

（4）下列关于 PowerPoint 2021 艺术字的说法中正确的是（　　）。

A. 提供了修改艺术字样式功能

B. 艺术字制作完成后，不能再进行艺术字样式的修改

C. 没有提供修改艺术字文字的功能

D. 艺术字制作完成后，不能再进行艺术字文字的修改

（5）在 PowerPoint 2021 中，要在幻灯片中添加艺术字，应先切换到（　　）选项卡。

A.“插入”　　B.“视图”　　C.“开始”　　D.“布局”

（6）在 PowerPoint 2021 中，有（　　）类 SmartArt 图形可供选择。

A. 9　　B. 8　　C. 5　　D. 6

（7）在“选择 SmartArt 图形”对话框的“层次结构”下有（　　）种样式可供选择。

A. 6　　B. 9　　C. 13　　D. 16

（8）在 PowerPoint 2021 中，要插入 SmartArt 图形应选择（　　）选项卡。

A.“文件”　　B.“对象”　　C.“绘图”　　D.“插入”

（9）在 PowerPoint 2021 中，要显示连续的流程可以选择（　　）类型的 SmartArt 图形。

A. 矩阵　　B. 流程　　C. 循环　　D. 层次结构

（10）在 PowerPoint 2021 中，添加 SmartArt 图形的操作是（　　）。

A. 单击“插入”选项卡下“插图”组中的“SmartArt”按钮

B. 单击“开始”选项卡下“插图”组中的“图片”按钮

C. 单击“设计”选项卡下“插图”组中的“SmartArt”按钮

D. 单击“绘图”选项卡下“绘图工具”组中的“SmartArt”按钮

2. 操作题

（1）打开素材“舌尖上的中国文化 .pptx”演示文稿，为第一张幻灯片添加艺术字标题“舌尖上的中国文化”，并设置艺术字样式为第一行第三列，艺术字大小为 88，形状效果为“全映像：接触”，最终效果如图 5-3 所示。

图 5-3　第一张幻灯片最终效果

（2）在第二张幻灯片的合适位置插入矩形形状，将该形状轮廓设置为无轮廓，形状填充设置为红色，并在该形状上添加文字“中国八大菜系”，最终效果如图 5-4 所示。

图 5-4　第二张幻灯片最终效果

（3）在第三张幻灯片的合适位置插入素材图片“糖醋排骨 .jpg”，将该图片高度设置为 10 厘米，宽度设置为 15 厘米，最终效果如图 5-5 所示。

图 5-5　第三张幻灯片最终效果

（4）利用“选择 SmartArt 图形”对话框中“关系”下的聚合射线图制作第十张幻灯片，最终效果如图 5-6 所示。

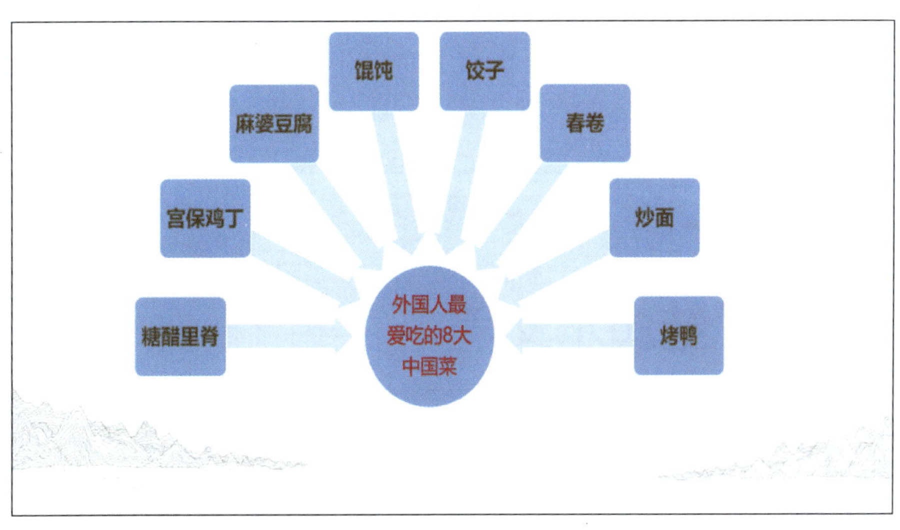

图 5-6　第十张幻灯片最终效果

实训项目六
修饰年终总结演示文稿

一、实训项目介绍

某公司员工小李已制作好“年终总结 .pptx”演示文稿，但是只录入了文字部分，还没有进行演示文稿的修饰。请根据素材“年终总结 .pptx”演示文稿，在 PowerPoint 2021 中对该演示文稿进行修饰，最终效果如图 6–1 所示。

具体操作要求如下：

1. 打开“年终总结 .pptx”演示文稿，设置主题样式为“平面”，幻灯片主题颜色为紫红色。

2. 设置“年终总结 .pptx”幻灯片主题字体为华文中宋。

3. 设置“年终总结 .pptx”幻灯片背景格式为渐变填充，并应用到全部幻灯片。

4. 利用幻灯片母版在“年终总结 .pptx”演示文稿第一张至第十张幻灯片中插入素材图片“花朵 .jpg”。

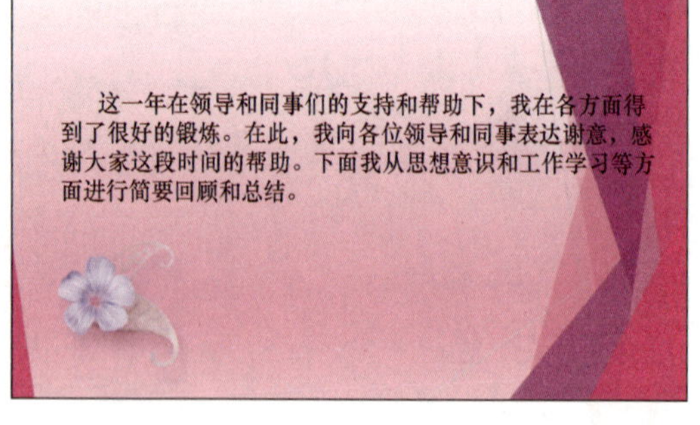

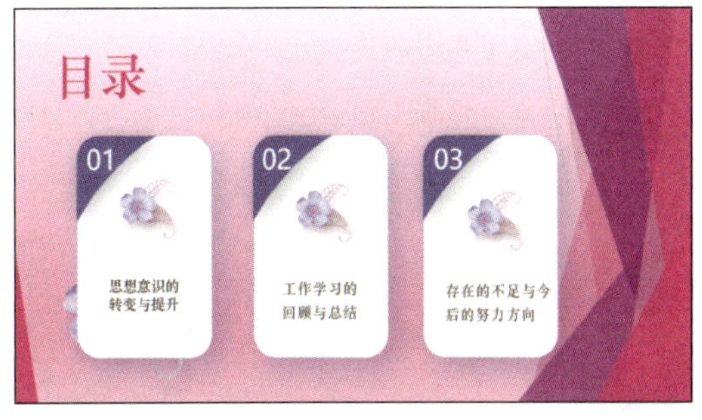

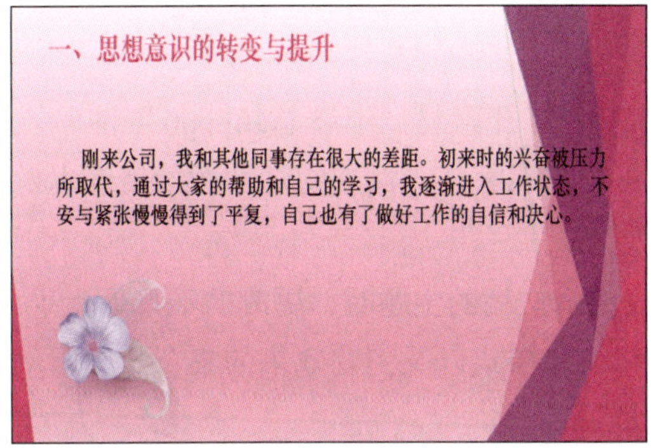

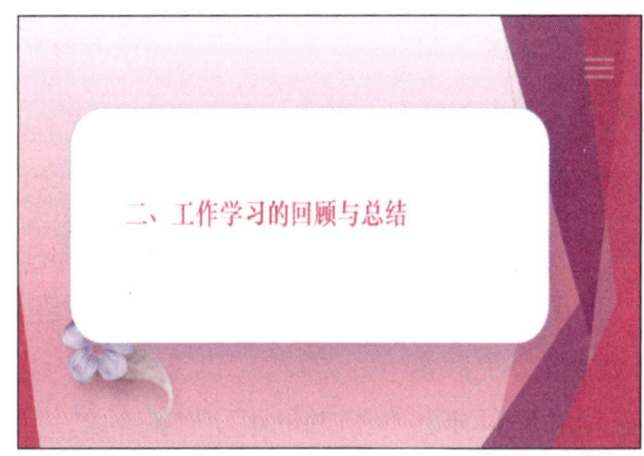

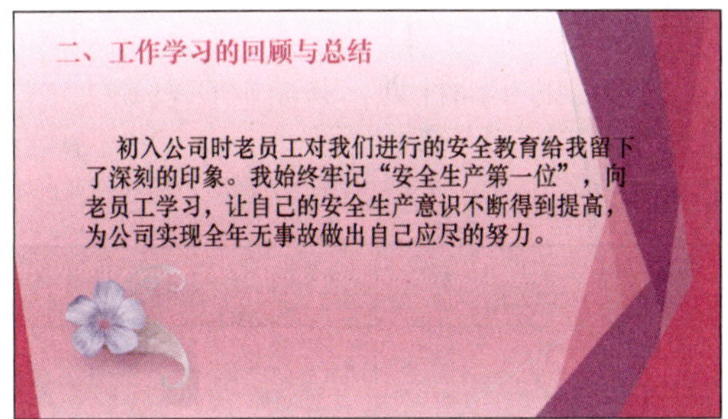

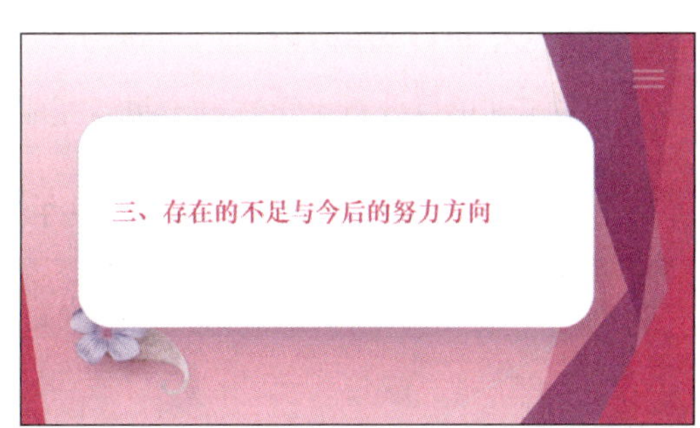

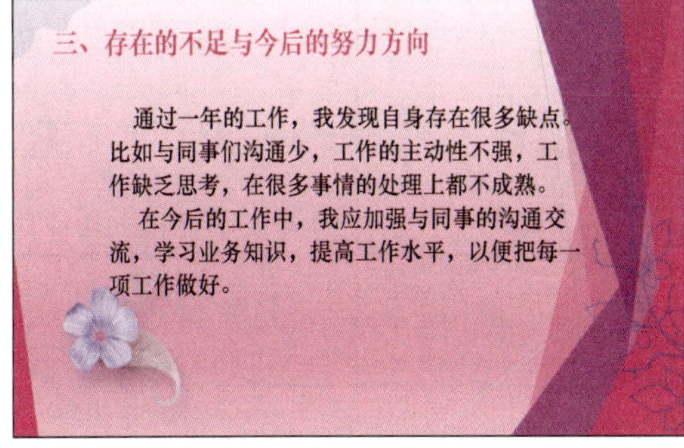

图 6-1　年终总结演示文稿最终效果

二、实训项目分析

要完成本实训项目，应按照图 6-2 所示思维导图复习教材中学到的知识点和技能点。

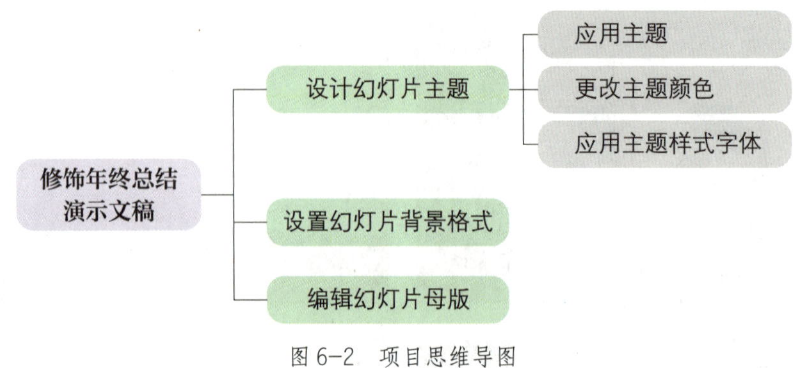

图 6-2 项目思维导图

为完成本实训项目，需在 PowerPoint 2021 中打开素材“年终总结 .pptx”演示文稿，设置幻灯片主题、更改主题颜色、应用主题样式字体、设置幻灯片背景格式以及编辑幻灯片母版等。

在完成本实训项目的过程中，注意在更改演示文稿的主题时，更改的不只是背景，同时也会更改颜色、标题、正文字体、线条和填充样式以及主题效果的集合。编辑幻灯片母版时要注意编辑母版所针对的幻灯片版式。

三、实训计划制订

根据实训项目分析，学生自己制订完成本实训项目的实训计划，并填写在表 6-1 中。

表 6-1 实训计划

序号	工作内容	所需时间

四、操作步骤提示

本实训项目的操作步骤提示见表 6-2。

表 6-2　操作步骤提示

序号	操作步骤	内容
1	打开演示文稿	启动 PowerPoint 2021，通过“文件|打开|浏览”命令找到“年终总结 .pptx”演示文稿并将其打开
2	设置幻灯片主题	在“设计”选项卡下“主题”组中设置幻灯片主题
3	更改幻灯片主题颜色	在“设计”选项卡下“变体”组中更改主题颜色
4	设置背景格式	在“设计”选项卡下“自定义”组中更改背景格式
5	编辑幻灯片母版	单击“视图”选项卡下“母版视图”组中的“幻灯片母版”按钮，在母版中插入素材图片

五、操作要点记录

在表 6-3 中记录本实训项目的操作要点。

表 6-3　操作要点记录

序号	操作要点	备注

六、运行与修改记录

参照图 6-1 所示演示文稿最终效果，排除出现的错误，并在表 6-4 中做好记录。

表 6-4　运行与修改记录

序号	出现错误	错误原因	处理方法

续表

序号	出现错误	错误原因	处理方法

七、实训评价

本实训项目完成后，学生展示项目成果，解说在完成项目过程中的心得体会。展示结束后，从职业素养、专业能力、工作成果等方面对该实训项目进行评价，采用自我评价、小组评价、教师评价相结合的多元评价方式，见表 6-5。

表 6-5　实训评价

序号	评价内容	配分/分	评价分数		
			自我评价（占比30%）	小组评价（占比30%）	教师评价（占比40%）
1	对实训项目的分析准确到位	20			
2	能熟练设置幻灯片主题	10			
3	能更改幻灯片主题的颜色	20			
4	能设置幻灯片背景格式	10			
5	能使用幻灯片母版来自定义幻灯片背景	20			
6	能展示及解说项目成果	20			
学生姓名			日期		

八、巩固与练习

1. 选择题

（1）在 PowerPoint 2021 中，有时需要在每一张幻灯片的同一位置上都设置页码、日期等对象，可以在（　　）中插入这些对象。

A. 视窗　　B. 屏幕　　C. 幻灯片　　D. 幻灯片母版

（2）下列关于演示文稿背景的说法中错误的是（　　）。

A. 可以对某张幻灯片的背景进行设置

B. 可以对整个演示文稿的背景进行统一设置

C. 可以使用图片作为背景

D. 对添加了母版的幻灯片不能再使用“背景”命令

（3）在 PowerPoint 2021 中使用母版的目的是（　　）。

A. 使演示文稿的风格一致　　B. 更改现有的风格

C. 控制标题幻灯片的格式和位置　　D. 以上都对

（4）PowerPoint 2021 中的幻灯片母版可分为（　　）。

A. 幻灯片母版和讲义母版

B. 幻灯片母版和标题母版

C. 幻灯片母版、讲义母版、标题母版和备注母版

D. 幻灯片母版、讲义母版和备注母版

（5）在打开的演示文稿中，设置母版应在（　　）选项卡下进行。

A.“视图”　　B.“格式”　　C.“动画”　　D.“设计”

（6）在 PowerPoint 2021 编辑状态下，如果对当前打开的演示文稿所使用的背景、颜色等不满意，则（　　）。

A. 无法做出改变

B. 只能用“设计”选项卡下的“背景”命令改变当前一张幻灯片

C. 可以用“设计”选项卡下的“应用设计模板”命令改变当前一张幻灯片

D. 可以通过“设计”选项卡下的“主题”组改变全部幻灯片

（7）在 PowerPoint 2021 中，可通过（　　）选项卡来更改主题颜色。

A.“绘图”　　B.“设计”　　C.“开始”　　D.“视图”

（8）通过“设计”选项卡下的“设置背景格式”命令，能（　　）。

A. 改变当前选取的一张幻灯片　　B. 改变当前选取的若干张幻灯片

C. 改变当前演示文稿的全部幻灯片　　D. 以上都对

（9）在 PowerPoint 2021 中，更改幻灯片主题时（　　）也会随之改变。

A. 背景样式　　B. 主题颜色　　C. 标题　　D. 以上都对

（10）在 PowerPoint 2021 中，模板文件的扩展名为（　　）。

A. .ppt　　B. .pptx　　C. .potx　　D. .doc

2. 操作题

（1）打开素材“晋升述职报告 .pptx”演示文稿，设置幻灯片主题为离子，更改主题颜色为蓝色，设置背景样式为样式 6。

（2）在上一题的基础上，设置第一张幻灯片背景图案填充为点线：5%。

（3）利用幻灯片母版在素材“晋升述职报告 .pptx”演示文稿的第一张、第三张、第五张、第七张、第九张、第十一张幻灯片左上角的合适位置添加文字“明天的你会感谢今天努力的自己”，将文字字体设置为宋体，字号设置为 18，颜色设置为黑色。

图 6-3 所示为晋升述职报告演示文稿最终效果。

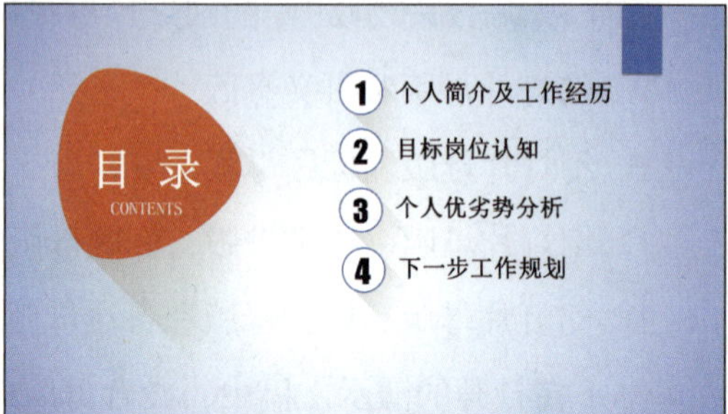

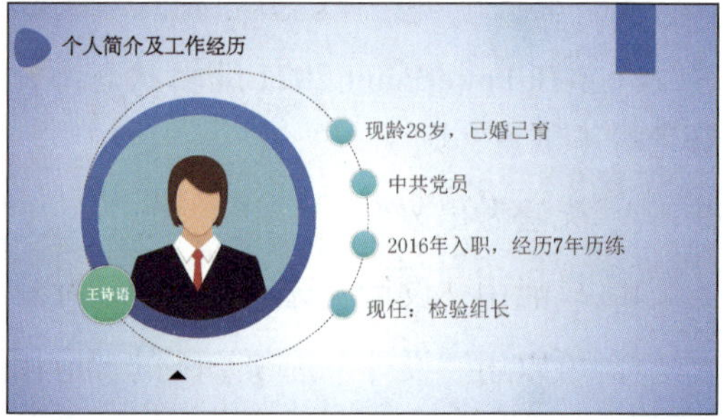

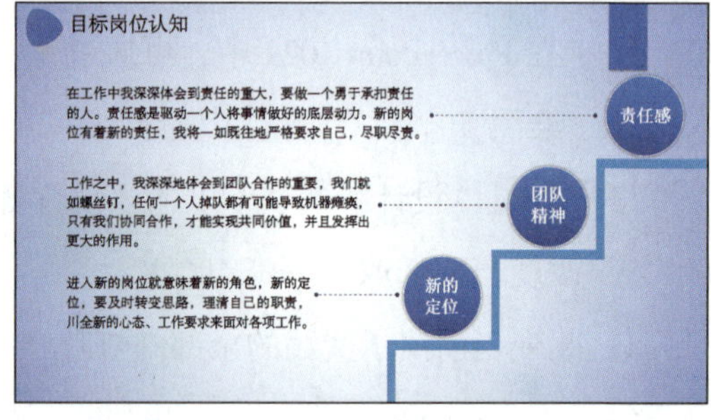

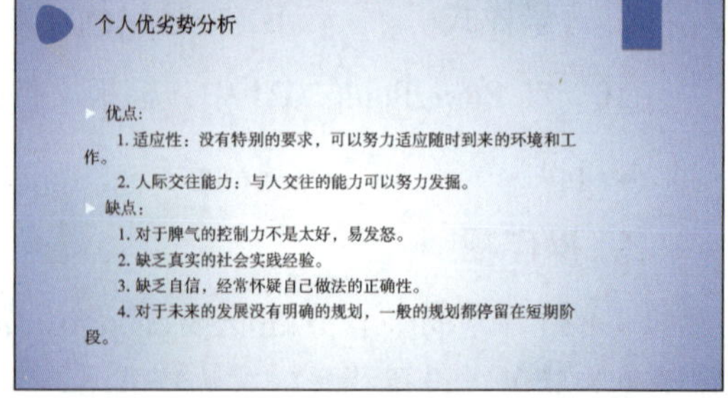

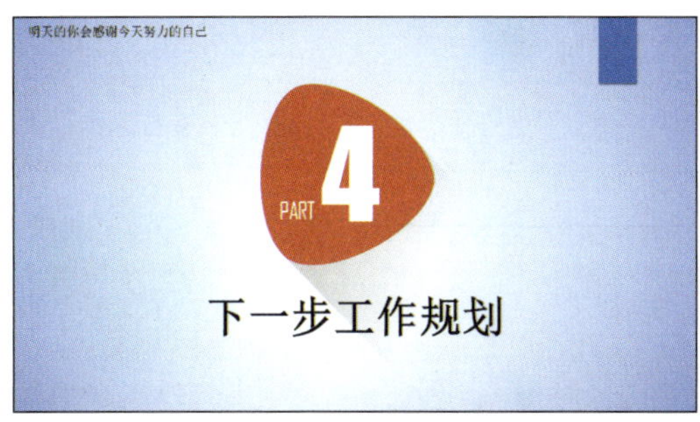

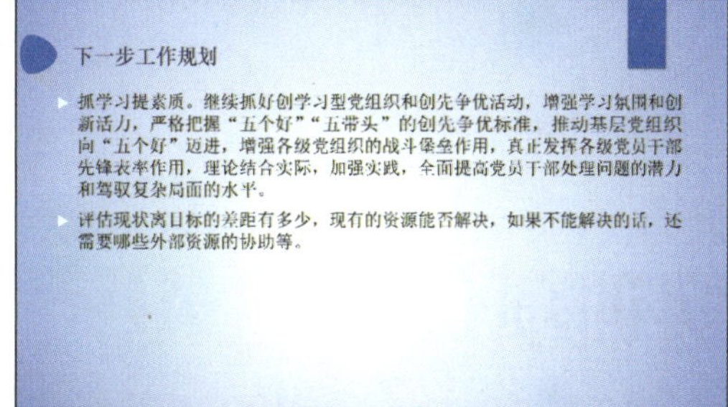

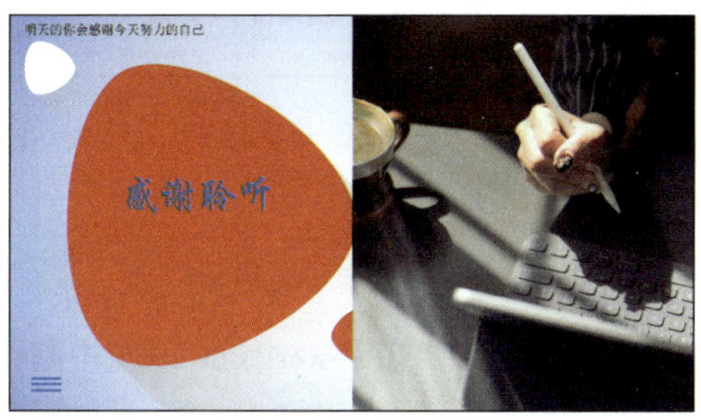

图6-3　晋升述职报告演示文稿最终效果

实训项目七
制作校园歌唱比赛评分表和分析表

一、实训项目介绍

某学校学生小李接到一个任务，要在 PowerPoint 2021 中制作图 7–1 所示的校园歌唱比赛评分表，并根据该评分表中的数据，在 PowerPoint 2021 中制作图 7–2 所示校园歌唱比赛分析表，以便于在校园歌唱比赛闭幕式中展示。

具体操作要求如下：

1. 打开“校园歌唱比赛评分表 .pptx”，在第一张幻灯片中插入一个 9 行 8 列的表格，设置表格样式为“中度样式 2– 强度 5”，并在表格样式选项中勾选“标题行”“第一列”“镶边行”；设置表格第一行高度为 3.4 厘米、第二行至第九行高度为 1.5 厘米，设置表格各列宽度均为 3.4 厘米；设置表格标题字体为黑体、字号为 44；设置表格外侧框线为 4.5 磅黑色实线、表格内部框线为 1.5 磅白色实线；设置单元格内文字对齐方式为垂直居中。

校园歌唱比赛评分表							
序号	歌手编号	姓名	音准音色 (35分)	气息节奏 (25分)	情感表达 (25分)	特色 (15分)	总分 (100分)
1	××2000123	张小飞	32	22	24	13	91
2	××2000124	阿月	30	23	19	10	82
3	××2000125	张悦	28	21	22	13	84
4	××2000126	张红	31	22	24	12	89
5	××2000127	王敏	30	24	23	12	89
6	××2000128	赵佳佳	33	22	21	14	90

图 7–1　校园歌唱比赛评分表

2. 根据图 7-1 所示校园歌唱比赛评分表中的数据，在“校园歌唱比赛评分表.pptx”第二张幻灯片中插入图表。设置此图表类型为“带数据标记的折线图”；设置图表数据源为校园歌唱比赛评分表的“姓名”“音准音色”“气息节奏”“情感表达”“特色”列；设置图表标题为“校园歌唱比赛分析表”、居于图表上方；设置图例在右侧；为图表添加主轴主要水平网格线和主轴主要垂直网格线，并添加数据标签。

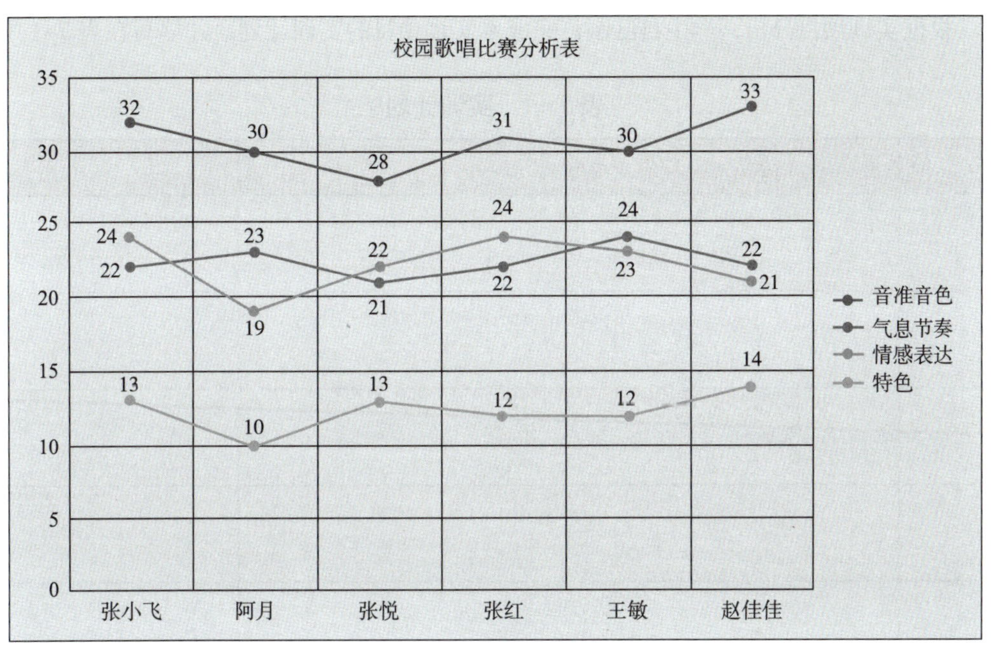

图 7-2　校园歌唱比赛分析表

二、实训项目分析

要完成本实训项目，应按照图 7-3 所示思维导图复习教材中学到的知识点和技能点。

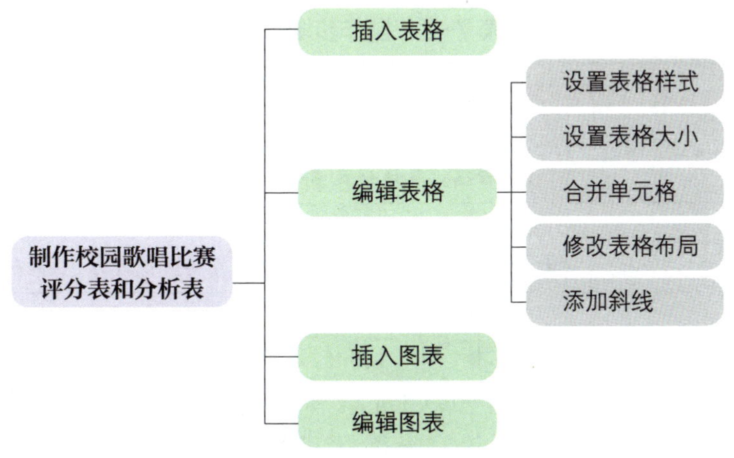

图 7-3　项目思维导图

为完成本实训项目，需打开“校园歌唱比赛评分表.pptx”演示文稿，插入表格、修改表格布局和表格样式、设置表格大小、合并单元格，插入与编辑图表等。

在完成本实训项目的过程中，在演示文稿中插入图表的时候要注意选择好数据源。在插入表格时标题行和镶边行已经默认选中，也可以根据需要自行设置。

三、实训计划制订

根据实训项目分析，学生自己制订完成本实训项目的实训计划，并填写在表 7–1 中。

表 7–1　实训计划

序号	工作内容	所需时间

四、操作步骤提示

本实训项目的操作步骤提示见表 7–2。

表 7–2　操作步骤提示

序号	操作步骤	内容
1	打开演示文稿	启动 PowerPoint 2021，通过“文件 | 打开 | 浏览”命令找到素材“校园歌唱比赛评分表.pptx”演示文稿并将其打开
2	插入表格	通过“插入 | 表格”命令打开下拉菜单，选择“插入表格”命令，打开“插入表格”对话框，设置表格的行数为 9、列数为 8
3	编辑表格	根据图 7–1 所示校园歌唱比赛评分表样式输入有关内容，合并相关单元格，设置表格样式，修改表格大小
4	插入图表	单击“插入 | 图表”命令打开“插入图表”对话框，在“插入图表”对话框中选择“折线图”，继续选择“带数据标记的折线图”

续表

序号	操作步骤	内容
5	编辑图表	设置图表的数据源为校园歌唱比赛评分表的第二行第三列至第九行第七列，根据图 7–2 所示校园歌唱比赛分析表样式编辑图表，为图表设置图表标题、图例、网格线、数据标签等数据元素

五、操作要点记录

在表 7–3 中记录本实训项目的操作要点。

表 7–3　操作要点记录

序号	操作要点	备注

六、运行与修改记录

参照图 7–1 和图 7–2 所示演示文稿最终效果，排除出现的错误，并在表 7–4 中做好记录。

表 7–4　运行与修改记录

序号	出现错误	错误原因	处理方法

七、实训评价

本实训项目完成后，学生展示项目成果，解说在完成项目过程中的心得体会。展示结束后，从职业素养、专业能力、工作成果等方面对该实训项目进行评价，采用自我评价、小组评价、教师评价相结合的多元评价方式，见表 7–5。

表 7–5 实训评价

<table>
<tr><th rowspan="2">序号</th><th rowspan="2" colspan="2">评价内容</th><th rowspan="2">配分/分</th><th colspan="3">评价分数</th></tr>
<tr><th>自我评价（占比30%）</th><th>小组评价（占比30%）</th><th>教师评价（占比40%）</th></tr>
<tr><td>1</td><td colspan="2">对实训项目的分析准确到位</td><td>20</td><td></td><td></td><td></td></tr>
<tr><td>2</td><td colspan="2">能正确插入表格</td><td>10</td><td></td><td></td><td></td></tr>
<tr><td>3</td><td colspan="2">能按要求编辑表格</td><td>20</td><td></td><td></td><td></td></tr>
<tr><td>4</td><td colspan="2">能正确插入图表</td><td>10</td><td></td><td></td><td></td></tr>
<tr><td>5</td><td colspan="2">能按要求编辑图表</td><td>20</td><td></td><td></td><td></td></tr>
<tr><td>6</td><td colspan="2">能正确展示及解说项目成果</td><td>20</td><td></td><td></td><td></td></tr>
<tr><td colspan="2">学生姓名</td><td></td><td colspan="2">日期</td><td colspan="2"></td></tr>
</table>

八、巩固与练习

1. 选择题

（1）若要在 PowerPoint 2021 的编辑状态下插入表格，可单击（　　）命令。

A. “绘图 | 表格”　　　　B. “插入 | 表格”

C. “审阅 | 新建批注”　　　　D. “插入 | 插图 | 形状”

（2）产生图表的数据发生变化后，图表（　　）。

A. 会发生相应的变化　　　　B. 会发生变化，但与数据无关

C. 不会发生变化　　　　D. 必须进行编辑后才会发生变化

（3）下列关于 PowerPoint 2021 中对表格进行处理的说法中不正确的是（　　）。

A. 不可以单独调整某一行的行高和列宽

B. 可以将表格中的一个单元格拆分成几个单元格

C. PowerPoint 2021 提供了绘制斜线表头的功能

D. 可以用鼠标调整表格的行高和列宽

（4）在 PowerPoint 2021 中要对某一单元格进行拆分，应单击（　　）命令。

A. “插入 | 拆分单元格”　　B. “格式 | 拆分单元格”

C. “工具 | 拆分单元格”　　D. “布局 | 拆分单元格”

（5）下列关于拆分表格的说法中正确的是（　　）。

A. 只能把表格拆分为左右两部分　　B. 只能把表格拆分为上下两部分

C. 可以自己设定要拆成的行列数　　D. 表格拆分的列数不能多于行数

（6）在 PowerPoint 2021 中选中表格后菜单栏中出现“布局”选项卡，在该选项卡中不能进行（　　）操作。

A. 拆分单元格　　B. 合并单元格

C. 删除行　　D. 给表格添加边框

（7）若要删除 PowerPoint 2021 演示文稿中表格中的数据，可以选中单元格后按（　　）键。

A. Ctrl　　B. Shift

C. Delete　　D. Home

（8）要在表格的右侧增加一列，可以（　　）。

A. 选中表格最右侧列，单击“布局 | 在右侧插入”命令

B. 选中表格最右侧列，单击“表设计 | 在右侧插入”命令

C. 把鼠标光标定位到最后一个单元格，按 Tab 键

D. 选中表格最右侧列，单击“增加列”按钮

（9）通过添加图表元素不能修改（　　）。

A. 图例的位置　　B. 图表标题的位置

C. 数据标签的位置　　D. 图表的颜色

（10）在 PowerPoint 2021 中，为表格添加边框应执行（　　）操作。

A. 选中表格，单击“开始”选项卡下“字体”组中的“边框”按钮

B. 选中表格，单击“表格”选项卡下“边框”组中的“边框”按钮

C. 选中表格，单击“布局”选项卡下“边框”组中的“边框”按钮

D. 选中表格，单击“表设计”选项卡下“表格样式”组中的“边框”按钮

2. 操作题

（1）新建一个演示文稿，在第一张幻灯片中插入一个 8 行 6 列的表格，录入给定的文字，设计表格样式为“中度样式 – 强调 1”，并在表格样式选项中勾选“标题行”和“镶边行”。设置表格外侧框线为 3 磅绿色虚线、表格内部框线为 1.5 磅黑色实线，在“项目星期”单元格中设置斜线，将项目、星期分开。设置表格的标题文字“值日

生安排表”字体为黑体、字号为 32、加粗、白色，设置表格中其他文字字体为宋体、字号为 18、加粗、黑色。值日生安排表最终效果如图 7-4 所示。

<table>
<tr><th colspan="6">值日生安排表</th></tr>
<tr><td colspan="6">班级：汽修3班</td></tr>
<tr><td>星期
项目</td><td>星期一</td><td>星期二</td><td>星期三</td><td>星期四</td><td>星期五</td></tr>
<tr><td>扫地</td><td></td><td></td><td></td><td></td><td></td></tr>
<tr><td>拖地</td><td></td><td></td><td></td><td></td><td></td></tr>
<tr><td>擦黑板</td><td></td><td></td><td></td><td></td><td></td></tr>
<tr><td>倒垃圾</td><td></td><td></td><td></td><td></td><td></td></tr>
<tr><td colspan="6">卫生要求如下:
1. 将桌椅板凳摆放整齐。
2. 地面要整洁，无纸屑、杂物。
3. 黑板要干净，无粉尘。
4. 计算机、投影仪、门窗、灯、风扇要关好。
5. 将垃圾倒掉，劳动工具要摆放整齐。</td></tr>
</table>

图 7-4　值日生安排表最终效果

（2）在上一题新建的演示文稿的第二张幻灯片中插入一个 3 行 13 列的表格，做一张工资表。进行表格的相关操作，录入给定的文字，并将表格的所有框线设置为 1 磅黑色实线，工资表最终效果如图 7-5 所示。

工　资　表

部门：　　　　　　　　　　　　　　　　　　　　　　　　**年　月**

<table>
<tr><td rowspan="2">序号</td><td rowspan="2">姓名</td><td rowspan="2">出勤天数</td><td rowspan="2">基本工资</td><td colspan="5">应 发 金 额</td><td colspan="3">应 扣 金 额</td><td rowspan="2">实发合计</td></tr>
<tr><td>岗位工资</td><td>全勤奖</td><td>绩效工资</td><td>话费</td><td>应发合计</td><td>社保金</td><td>病事假</td><td>水电费</td></tr>
<tr><td></td><td></td><td></td><td></td><td></td><td></td><td></td><td></td><td></td><td></td><td></td><td></td><td></td></tr>
</table>

总经理：　　　　**会计：**　　　　**出纳：**　　　　**制表人：**

图 7-5　工资表最终效果

（3）根据图 7-6 所示全国各地区用户对读书相关搜索的热度值，制作簇状条形图，设置图表标题为“全国各地区用户对读书相关搜索的热度值”，设置图表标题字体为黑体、字号为 20、加粗；设置图表背景格式为渐变填充；为图表添加数据标签，居中放置；设置图例居右；设置显示数据表，无图例项标示。最终效果如图 7-7 所示。

全国各地区用户对读书相关搜索的热度值	
地区	热度值
上海	18.3
浙江	16.6
北京	13.5
江苏	26.6
广东	12.9
天津	15.7
宁夏	12.0
安徽	9.5
黑龙江	8.1
重庆	10.5

图 7-6　全国各地区用户对读书相关搜索的热度值

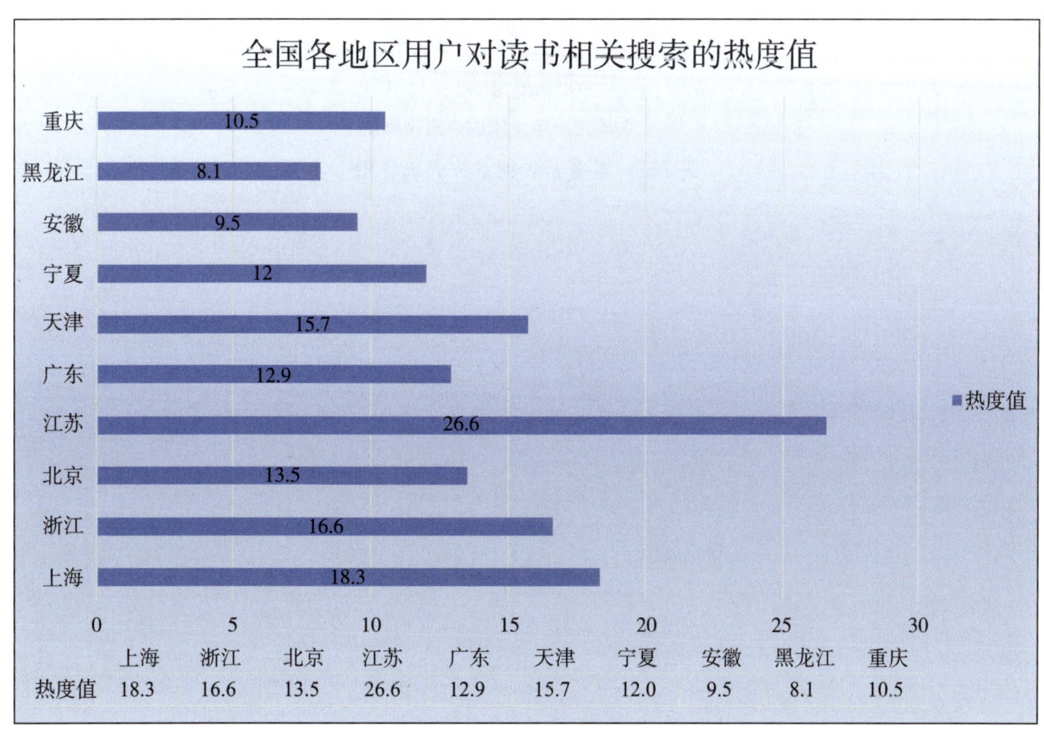

图 7-7　制作簇状条形图

（4）根据图 7-8 所示的某省居民阅读方式统计制作饼图，设置图表标题为“某省居民阅读方式统计图”；设置图例在底部；设置图表数据标签居中，最终效果如图 7-9 所示。

某省居民阅读方式统计	
阅读方式	阅读时长占总时长的比例
纸质阅读	38.63%
电子阅读	30.78%
有声阅读	30.59%

图 7-8　某省居民阅读方式统计

某省居民阅读方式统计图

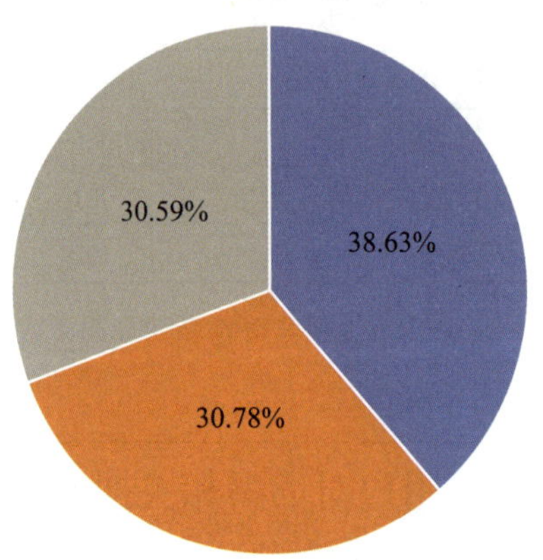

图 7-9　某省居民阅读方式统计图

实训项目八
制作读书交流活动演示文稿

一、实训项目介绍

某学校学生会拟举办一场读书交流活动，安排小李制作演示文稿在活动中展示。小李已经制作好演示文稿的文字和图片部分，还需要插入一些音频和视频。

具体操作要求如下：

1. 在 PowerPoint 2021 中打开素材“读书交流活动 .pptx”演示文稿，在第三张幻灯片指定位置插入音频素材“钢琴曲 .mp3”，设置音频音量为中等，自动开始播放，放映时隐藏音频图标。并设置音频“钢琴曲 .mp3”跨第三张至第五张幻灯片循环播放，直到停止。

2. 在第二张幻灯片指定位置插入视频素材“读书之美 .mp4”，设置单击该视频时全屏播放，播放完毕返回视频开头处。

插入音频和视频后的演示文稿最终效果如图 8–1 所示。

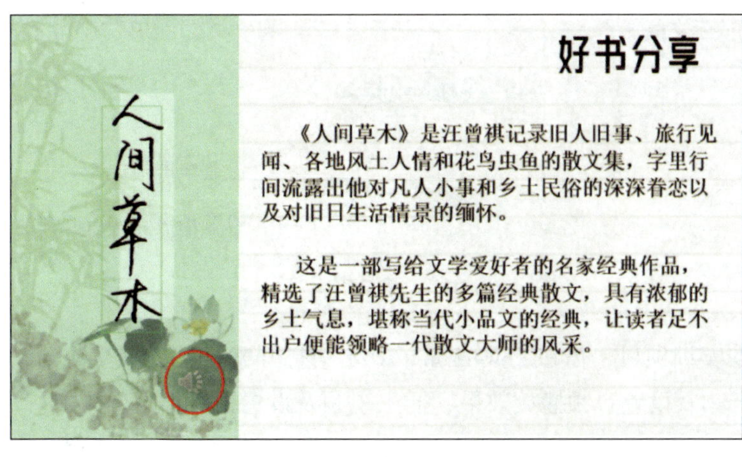

a）

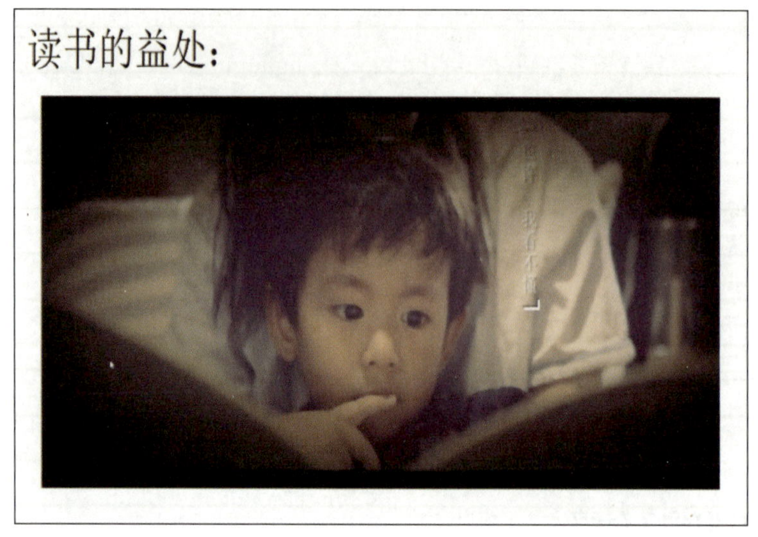

b）

图 8-1　插入音频和视频后的演示文稿最终效果
a）插入音频后的演示文稿　b）插入视频后的演示文稿

二、实训项目分析

要完成本实训项目，应按照图 8-2 所示思维导图复习教材中学到的知识点和技能点。

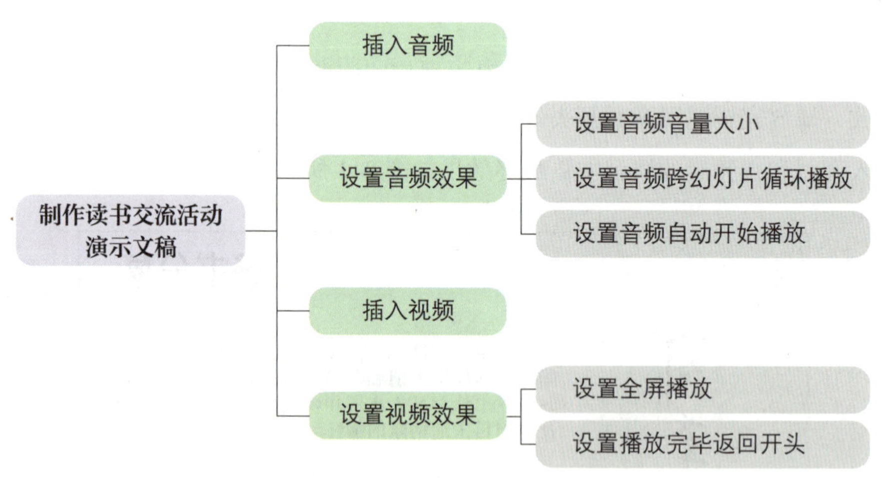

图 8-2　项目思维导图

为完成本实训项目，需在 PowerPoint 2021 中打开素材“读书交流活动 .pptx”演示文稿，插入音频及设置音频播放效果、插入视频及设置视频播放效果等。

在完成本实训项目的过程中，在演示文稿中插入音频和视频时要注意使用 PowerPoint 2021 支持的音频格式和视频格式。设置音频跨幻灯片播放时，可以利用

“动画”选项卡下“高级动画”组中的“动画窗格”按钮来设置。

三、实训计划制订

根据实训项目分析，学生自己制订完成本实训项目的实训计划，并填写在表 8–1 中。

表 8–1　实训计划

序号	工作内容	所需时间

四、操作步骤提示

本实训项目的操作步骤提示见表 8–2。

表 8–2　操作步骤提示

序号	操作步骤	内容
1	打开演示文稿	启动 PowerPoint 2021，通过“文件 | 打开 | 浏览”命令找到素材“读书交流活动 .pptx”演示文稿并将其打开
2	插入音频	在要插入音频的幻灯片中单击“插入”选项卡下“媒体”组中的“音频”按钮即可插入音频
3	设置音频播放效果	单击插入的音频，通过“播放”选项卡和“动画”选项卡设置音频的播放效果
4	插入视频	在要插入视频的幻灯片中单击“插入”选项卡下“媒体”组中的“视频”按钮即可插入视频
5	设置视频播放效果	单击插入后的视频，通过“播放”选项卡设置视频的播放效果

五、操作要点记录

在表 8-3 中记录本实训项目的操作要点。

表 8-3　操作要点记录

序号	操作要点	备注

六、运行与修改记录

参照图 8-1 所示演示文稿最终效果，排除出现的错误，并在表 8-4 中做好记录。

表 8-4　运行与修改记录

序号	出现错误	错误原因	处理方法

七、实训评价

本实训项目完成后，学生展示项目成果，解说在完成项目过程中的心得体会。展示结束后，从职业素养、专业能力、工作成果等方面对该实训项目进行评价，采用自我评价、小组评价、教师评价相结合的多元评价方式，见表 8-5。

表 8-5　实训评价

序号	评价内容	配分/分	评价分数		
			自我评价（占比30%）	小组评价（占比30%）	教师评价（占比40%）
1	对实训项目的分析准确到位	15			
2	能正确插入音频	15			
3	能根据要求正确设置音频的播放效果	20			
4	能正确插入视频	15			
5	能根据要求正确设置视频的播放效果	20			
6	能正确展示及解说项目成果	15			
综合得分			日期		

八、巩固与练习

1. 选择题

（1）PowerPoint 2021 演示文稿中支持的视频文件格式有（　　）。

A. avi　　B. wmv　　C. mpg　　D. 以上都对

（2）PowerPoint 2021 演示文稿中不支持的音频文件格式有（　　）。

A. bmp　　B. mp3　　C. wma　　D. wav

（3）要在 PowerPoint 2021 制作的演示文稿中插入音频，可以通过（　　）选项卡下“媒体”组中的“音频”按钮来实现。

A. “开始”　　B. “播放”　　C. “插入”　　D. “编辑”

（4）在 PowerPoint 2021 演示文稿中可以插入的内容有（　　）。

A. 图表、图像　　B. 声音、影片

C. 艺术字　　D. 以上都对

（5）在幻灯片中插入音频后，放映幻灯片时（　　）。

A. 用鼠标单击音频图标才能开始播放

B. 只能在有音频图标的幻灯片中播放，不能跨幻灯片连续播放

C. 只能连续播放音频，中途不能停止

D. 可以按需要灵活设置音频的播放

（6）在 PowerPoint 2021 中，下列说法中正确的是（　　）。

A. 幻灯片中只能插入 PC 上的音频

B. 插入幻灯片中的音频不能改变音量大小

C. 幻灯片中插入的音频可以设置渐弱渐强

D. 放映幻灯片时，在插入音频的幻灯片中会看到音频的小喇叭图标

（7）幻灯片中插入的音视频可以通过（　　）选项卡设置为“循环播放，直到停止”。

A.“播放”　　B.“插入”　　C.“开始”　　D.“视图”

（8）下列关于幻灯片中音、视频播放的说法中正确的是（　　）。

A. 幻灯片中插入的音频不能设置成幻灯片放映时自动播放

B. 幻灯片中插入的视频不能设置成幻灯片放映时自动播放

C. 幻灯片中插入的视频能设置成幻灯片放映时全屏播放

D. 不能改变幻灯片中插入的视频音量

（9）按（　　）键可以删除幻灯片中插入的音频。

A. Ctrl　　B. Delete　　C. Shift　　D. Esc

（10）要在 PowerPoint 2021 中插入视频，应选择要插入视频的幻灯片，单击（　　）。

A.“音频格式 | 视频 | 此设备”命令　　B.“插入 | 选择 | 此设备”命令

C.“播放 | 视频 | 此设备”命令　　D.“插入 | 视频 | 此设备”命令

2. 操作题

（1）打开素材“文明礼仪 .pptx”演示文稿，在第一张幻灯片中插入音频素材“音乐 .mp3”，设置该音频跨第一张至第三张幻灯片循环播放，直到停止，并设置该音频在幻灯片放映时自动开始播放，放映时隐藏音频图标。

（2）在第三张幻灯片中插入视频素材“中华文明之校园礼仪 .mp4”，设置单击该视频时全屏播放，播放完毕返回开头。

（3）裁剪第三张幻灯片中的视频，设置开始时间为 01：00，结束时间为 07：00。

实训项目九
制作校园简介演示文稿

一、实训项目介绍

某学校拟举办建校 60 周年校庆活动，安排学生小李制作了一份以校园简介为主题的演示文稿，向回校参加校庆活动的校友介绍学校近些年来的发展情况。小李已经制作好该演示文稿的文字和图片部分，还需要在演示文稿中插入一些超链接。

具体操作要求如下：

1. 在 PowerPoint 2021 中打开素材“校园简介 .pptx”演示文稿，为第二张幻灯片中的内容设置超链接，链接的位置为与目录内容对应的幻灯片。

2. 在第三张至第六张幻灯片底部插入两个动作按钮，为两个动作按钮分别设置返回“目录页”和“第一页”的超链接。

3. 在最后一张幻灯片的底部插入一个动作按钮，为该动作按钮设置返回“第一页”的超链接。

4. 设置每张幻灯片切换时实现“覆盖”效果，设置效果选项为“自左侧”，持续时间为 2 秒。

5. 为第三张至第六张幻灯片中的图片和文字设置动画效果为“进入｜淡化”，持续时间为 1 秒。

制作的校园简介演示文稿最终效果如图 9-1 所示。

二、实训项目分析

要完成本实训项目，应按照图 9-2 所示思维导图复习教材中学到的知识点和技能点。

为完成本实训项目，需在 PowerPoint 2021 中打开素材“校园简介 .pptx”演示文稿，在演示文稿中设置超链接、幻灯片切换效果、动画效果等。

在完成本实训项目的过程中，注意在添加超链接时链接的对象路径是否正确；注意设置幻灯片切换效果是针对某张幻灯片还是整个演示文稿中的所有幻灯片；为幻灯片中的对象添加单个或多个动画时，要注意合理调整动画显示的顺序和时间等。

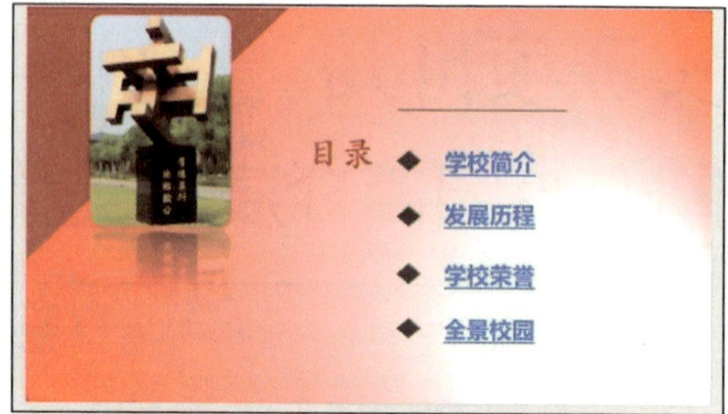

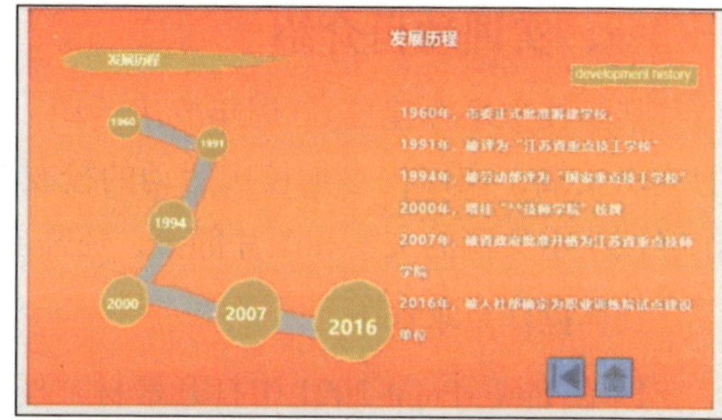

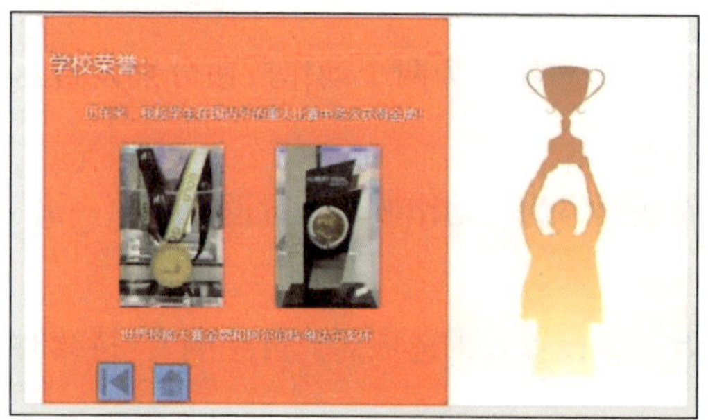

图 9-1　校园简介演示文稿最终效果

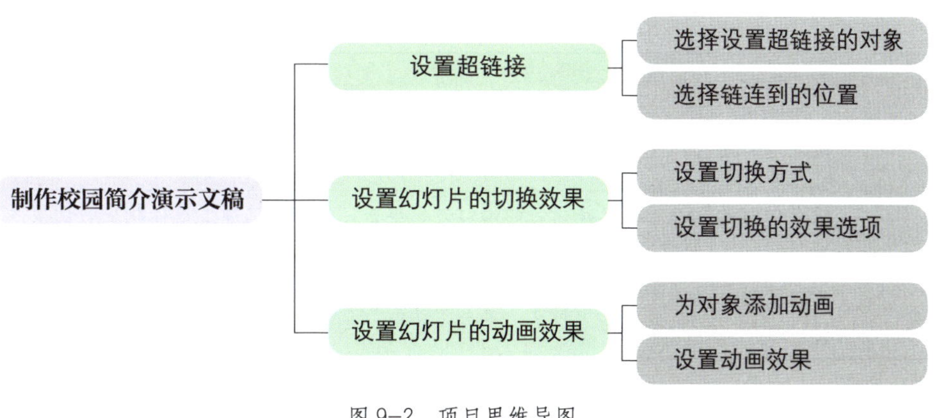

图 9-2　项目思维导图

三、实训计划制订

根据实训项目分析，学生自己制订完成本实训项目的实训计划，并填写在表 9-1 中。

表 9-1　实训计划

序号	工作内容	所需时间

四、操作步骤提示

本实训项目的操作步骤提示见表 9-2。

表 9-2　操作步骤提示

序号	操作步骤	内容
1	打开演示文稿	启动 PowerPoint 2021，通过“文件 | 打开 | 浏览”命令找到素材“校园简介 .pptx”演示文稿并将其打开

续表

序号	操作步骤	内容
2	设置超链接	选中要添加超链接的对象后单击鼠标右键，在弹出的快捷菜单中选择“超链接”，指定链接的位置
3	设置幻灯片切换效果	选择指定的幻灯片，单击“切换”选项卡选择相应的切换方式并编辑切换效果
4	为对象添加动画效果	选中对象，单击“动画”选项卡，为对象添加动画效果

五、操作要点记录

在表 9–3 中记录本实训项目的操作要点。

表 9–3 操作要点记录

序号	操作要点	备注

六、运行与修改记录

参照图 9–1 所示演示文稿最终效果，排除出现的错误，并在表 9–4 中做好记录。

表 9–4 运行与修改记录

序号	出现错误	错误原因	处理方法

七、实训评价

本实训项目完成后，学生展示项目成果，解说在完成项目过程中的心得体会。展示结束后，从职业素养、专业能力、工作成果等方面对该实训项目进行评价，采用自我评价、小组评价、教师评价相结合的多元评价方式，见表 9–5。

表 9–5　实训评价

序号	评价内容	配分/分	评价分数		
			自我评价（占比30%）	小组评价（占比30%）	教师评价（占比40%）
1	对实训项目的分析准确到位	20			
2	能正确设置超链接	20			
3	能正确设置幻灯片的切换效果	20			
4	能正确设置幻灯片的动画效果	20			
5	能正确展示及解说项目成果	20			
综合得分		日期			

八、巩固与练习

1. 选择题

（1）在 PowerPoint 2021 中插入超链接，不能直接链接到（　　）。

A. 文本文档中的位置　　B. 网页

C. 图片　　D. 电子邮件地址

（2）如果要从第三张幻灯片跳转到第八张幻灯片，需要在第三张幻灯片上进行的设置是（　　）。

A. 自定义动画　　B. 幻灯片切换

C. 预设动画　　D. 超链接

（3）在 PowerPoint 2021 的幻灯片切换中，不能设置幻灯片切换的（　　）。

A. 换页方式　　B. 颜色　　C. 效果　　D. 声音

（4）在 PowerPoint 2021 中，如果从演示文稿中的一段文字链接到一个 Word 文档，这时需要设置（　　）。

A. 插入　　B. 动画　　C. 超链接　　D. 放映方式

（5）在 PowerPoint 2021 中设置幻灯片的切换效果时，可以（　　）。

A. 使用多种形式　　B. 使用一种形式

C. 最多使用两种形式　　D. 以上都不对

（6）在 PowerPoint 2021 中为演示文稿添加动画效果时，下列选项中不正确的是（　　）。

A. 可以调整动画顺序　　B. 动画可以一次性应用于所有对象

C. 动画可以带声音　　D. 可以改变动画速度

（7）要添加一张幻灯片向下一张幻灯片过渡的效果，可通过（　　）选项卡进行设置。

A. “切换”　　B. “动画”　　C. “插入”　　D. “设计”

（8）在 PowerPoint 2021 中不能设置动画效果的元素是（　　）。

A. 文本　　B. 背景　　C. 自选图形　　D. 标题

2. 操作题

（1）打开素材“校园风景 .pptx”演示文稿，在该演示文稿的第二张和第三张幻灯片中添加两个自定义动作按钮，分别链接到该幻灯片的“上一页”和“下一页”。将两个按钮的高度设置为 2 厘米、宽度设置为 5 厘米，在两个按钮上分别添加文字“上一页”和“下一页”。添加超链接后的第二张和第三张幻灯片最终效果如图 9-3 所示。

（2）为该演示文稿中的所有幻灯片设置“推入”切换效果，设置效果选项为“自左侧”，持续时间为 2 秒。

（3）为该演示文稿中所有的文字动画设置“进入｜浮入”效果，设置效果选项为“方向｜上浮”、持续时间为 2 秒。将所有图片的动画依次设定为“进入｜飞入”效果，设置效果选项为“自顶部”、持续时间为 2 秒。

图 9-3　添加超链接后的第二张和第三张幻灯片最终效果

实训项目十
放映校园简介演示文稿

一、实训项目介绍

为了让回校参加 60 周年校庆的校友们能更方便地了解学校的发展情况，学生会要求宣传部小李为制作完成的校园简介演示文稿配上旁白，以便在校庆时能自动循环播放。

具体操作要求如下：

使用排练计时功能设置素材“校园简介 .pptx”演示文稿每一张幻灯片的放映时间，给每一张幻灯片配上相应的旁白内容（旁白内容为每一张幻灯片中的文字部分），并设置演示文稿的放映方式为循环放映。

注意使用排练计时功能时，时长不仅包含朗读旁白的时间，在每张幻灯片的开头与结尾还要有一个简短的沉默缓冲时间，以便转换每张幻灯片时保持流畅。

二、实训项目分析

要完成本实训项目，应按照图 10-1 所示思维导图复习教材中学到的知识点和技能点。

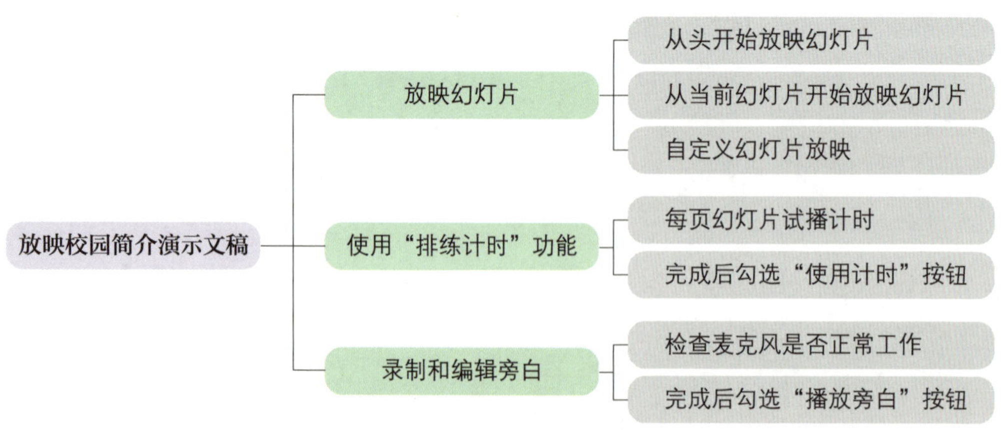

图 10-1　项目思维导图

为完成本实训项目，需在 PowerPoint 2021 中打开素材“校园简介 .pptx”演示文稿，利用“设置幻灯片放映”功能让用户可以根据放映场所来选择放映方式；利用“排练计时”功能，使演示文稿按照规定的时间放映；利用“录制”功能，为演示文稿中每张幻灯片添加对应的旁白，使幻灯片在视觉和听觉上更全面地向用户展示内容。

在完成实训项目的过程中，注意演示文稿排练计时的时间一般比录制的旁白时间长。录制旁白时，要在一个安静的环境中录制，并保证麦克风的音质。

三、实训计划制订

根据实训项目分析，学生自己制订完成本实训项目的实训计划，并填写在表 10-1 中。

表 10-1　实训计划

序号	工作内容	所需时间

四、操作步骤提示

本实训项目的操作步骤提示见表 10-2。

表 10-2　操作步骤提示

序号	操作步骤	内容
1	打开演示文稿	启动 PowerPoint 2021，通过“文件｜打开｜浏览”命令找到素材“校园简介 .pptx”演示文稿并将其打开
2	设置放映方式	通过“幻灯片放映”选项卡下“设置”组中的“设置幻灯片放映”按钮打开“设置放映方式”对话框，在“放映类型”中选择放映类型，在“放映选项”中选择“循环放映，按 ESC 键终止”
3	设置“排练计时”	单击“幻灯片放映”选项卡下“设置”组中的“排练计时”按钮，打开“录制”窗格，记录每一张幻灯片的放映时间

续表

序号	操作步骤	内容
4	为演示文稿录制旁白	单击“幻灯片放映”选项卡下“设置”组中的“录制”下拉按钮，选择“从头开始”，为每一张幻灯片录制旁白

五、操作要点记录

在表 10–3 中记录本实训项目的操作要点。

表 10–3　操作要点记录

序号	操作要点	备注

六、运行与修改记录

参照放映校园简介演示文稿的最终效果，排除出现的错误，并在表 10–4 中做好记录。

表 10–4　运行与修改记录

序号	出现错误	错误原因	处理方法

七、实训评价

本实训项目完成后，学生展示项目成果，解说在完成项目过程中的心得体会。展示结束后，从职业素养、专业能力、工作成果等方面对该实训项目进行评价，采用自我评价、小组评价、教师评价相结合的多元评价方式，见表 10–5。

表 10–5　实训评价

序号	评价内容	配分/分	评价分数		
			自我评价（占比30%）	小组评价（占比30%）	教师评价（占比40%）
1	对实训项目的分析准确到位	20			
2	能正确设置演示文稿的放映方式	20			
3	能正确设置每张幻灯片的放映时间	20			
4	能为每张幻灯片录制清晰的旁白	20			
5	能正确展示及解说项目成果	20			
综合得分		日期			

八、巩固与练习

1. 选择题

（1）要设置幻灯片的放映方式，可在（　　）选项卡下单击“设置幻灯片放映”按钮进行设置。

A.“视图”　　B.“设计”

C.“幻灯片放映”　　D.“插入”

（2）在 PowerPoint 2021 中，幻灯片的放映类型不包括（　　）。

A. 演讲者放映（全屏幕）　　B. 观众自行浏览（窗口）

C. 在展台浏览（全屏幕）　　D. 循环放映

（3）将 PowerPoint 2021 中的幻灯片设置为“循环放映”的方法是（　　）。

A. 单击“设计”选项卡下的“设置幻灯片放映”按钮

B. 单击“幻灯片放映”选项卡下“设置”组中的“设置幻灯片放映”按钮

C. 单击“插入”选项卡下的“设置幻灯片放映”按钮

D. 单击“视图”选项卡下的“设置幻灯片放映”按钮

（4）在 PowerPoint 2021 中，下列关于幻灯片放映的说法中错误的是（　　）。

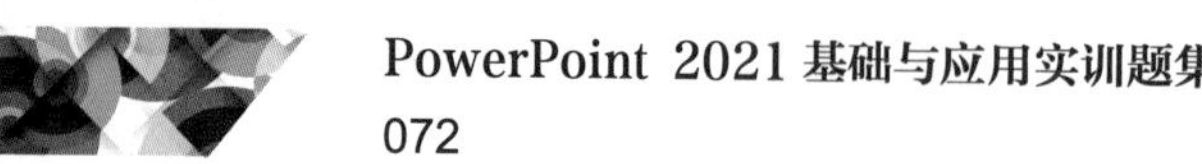

A. 可以从头开始放映 B. 可以从当前幻灯片开始放映

C. 可以任意调整幻灯片的放映顺序 D. 不能调整幻灯片的放映顺序

（5）为演示文稿录制好旁白后，可在演示文稿放映时自动解说演示文稿的内容。下列关于旁白的说法中正确的是（ ）。

A. 单击“录制”选项卡下“录制”组中的“录制”按钮，在下拉菜单中选择“从头开始”，即开始演示文稿的录制过程并排练计时。需要边录制声音边控制幻灯片的放映，以便使旁白和内容相对应

B. 旁白被记录在第一张幻灯片中

C. 录制旁白后，会生成多个音频文件，需要再把这些音频文件依次插入到幻灯片中

D. 要为整个演示文稿录制旁白时，可选择“插入 | 媒体 | 音频 | 录制音频”命令

2. 操作题

打开素材“班会课 .pptx”演示文稿，将幻灯片的放映方式设定为“自定义放映”，并设置幻灯片放映名称为“辛勤的劳动者”，按顺序放映第二张和第三张幻灯片、第五张和第六张幻灯片。为自定义放映的幻灯片页面排练计时和录制旁白。

实训项目十一
发布和打印校园简介演示文稿

一、实训项目介绍

根据学生会要求，宣传部小李准备将本次校庆使用的素材“校园简介 .pptx”演示文稿转换成视频文件，并打印全部演示文稿交给学生会存档。

具体操作要求如下：

1. 将素材“校园简介 .pptx”演示文稿导出为“校园简介 .mp4”视频文件。该视频文件的画质要求为全高清（1080 p），并使用录制的计时和旁白。

2. 打印演示文稿时，要求纸张设置为横向、彩色打印，每页纸上打印 6 张水平放置的幻灯片。

发布和打印校园简介演示文稿最终效果如图 11–1 所示。

a）

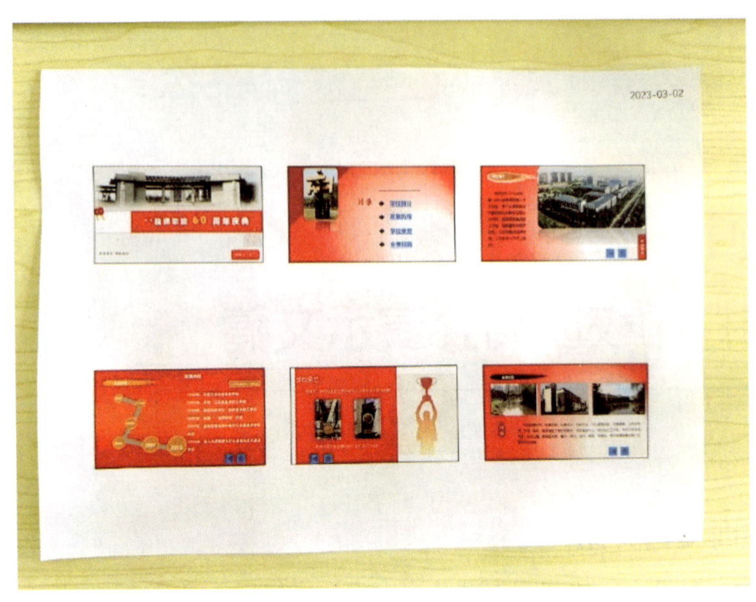

b）

图 11-1　发布和打印校园简介演示文稿最终效果

a）发布校园简介演示文稿　b）打印校园简介演示文稿

二、实训项目分析

要完成本实训项目，应按照图 11-2 所示思维导图复习教材中学到的知识点和技能点。

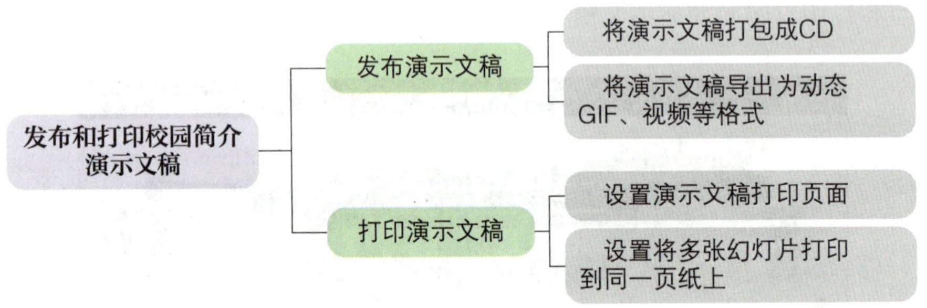

图 11-2　项目思维导图

为完成本实训项目，需打开“校园简介 .pptx”演示文稿，选择“文件 | 导出”命令，根据需要选择演示文稿的导出类型；通过“文件 | 打印”命令调整打印参数，选择演示文稿的打印范围及每页打印幻灯片的张数，在预览后打印。

在完成本实训项目的过程中，注意导出视频时的清晰度要适中；打印时，要多留意打印预览效果，以便及时调整幻灯片页面的打印设置。

三、实训计划制订

根据实训项目分析，学生自己制订完成本实训项目的实训计划，并填写在表 11-1 中。

表 11-1　实训计划

序号	工作内容	所需时间

四、操作步骤提示

本实训项目的操作步骤提示见表 11-2。

表 11-2　操作步骤提示

序号	操作步骤	内容
1	打开演示文稿	启动 PowerPoint 2021，通过“文件 | 打开 | 浏览”命令找到素材“校园简介 .pptx”演示文稿并将其打开
2	将演示文稿导出为视频文件	通过“文件 | 导出”命令选择视频导出类型，创建视频文件
3	保存视频文件	选择好保存视频文件的位置后保存视频文件
4	打印演示文稿	通过“文件 | 打印”命令设置打印参数，在页面右侧预览打印效果，单击“打印”按钮进行打印
5	存档	将打印好的演示文稿交学生会存档

五、操作要点记录

在表 11-3 中记录本实训项目的操作要点。

表 11-3　操作要点记录

序号	操作要点	备注

六、运行与修改记录

参照图 11-1 所示演示文稿最终效果，排除出现的错误，并在表 11-4 中做好记录。

表 11-4　运行与修改记录

序号	出现错误	错误原因	处理方法

七、实训评价

本实训项目完成后，学生展示项目成果，解说在完成项目过程中的心得体会。展示结束后，从职业素养、专业能力、工作成果等方面对该实训项目进行评价，采用自我评价、小组评价、教师评价相结合的多元评价方式，见表 11-5。

表 11-5　实训评价

序号	评价内容	配分/分	评价分数		
			自我评价（占比30%）	小组评价（占比30%）	教师评价（占比40%）
1	对实训项目的分析准确到位	20			
2	能正确将演示文稿按要求格式导出	20			
3	能正确指定演示文稿需要打印的页码	20			
4	能将多张幻灯片打印到同一页面上	20			
5	能正确展示及解说项目成果	20			
综合得分			日期		

八、巩固与练习

1. 选择题

（1）对演示文稿进行打印设置可在（　　）菜单下进行。

A. “视图”　　B. “设计”

C. “幻灯片放映”　　D. “文件”

（2）在 PowerPoint 2021 中打印演示文稿时，可单击“文件”菜单中的（　　）命令。

A. “保存”　　B. “打印”

C. “打印预览”　　D. “打开”

（3）下列关于在 PowerPoint 2021 中打印演示文稿的说法中正确的是（　　）。

A. 打印演示文稿时，每页纸最多可打印 6 张幻灯片

B. 通过“打印 | 打印版式”命令选择“备注页”，也能打印演示文稿的内容

C. 通过打印设置，可以设置打印幻灯片的方向、份数等

D. 通过“打印 | 打印版式”命令选择“整页幻灯片”，能打印演示文稿所有内容

（4）下列选项中不是演示文稿的导出类型的是（　　）。

A. 图片　　B. PDF

C. 视频文件　　D. 音频文件

（5）将演示文稿导出为视频文件时，不能选择视频文件为（　　）。

A. 标准（480 p）　　B. 高清（720 p）

C. 全高清（1080 p）　　D. 超高清（1920 p）

2. 操作题

（1）打开素材“班会课.pptx”演示文稿，将该演示文稿中所有的幻灯片导出为JPEG文件交换格式，存放在同一个文件夹中，并将该文件夹命名为“班会课”。

（2）打开素材“班会课.pptx”演示文稿，打印该演示文稿的所有奇数页幻灯片。